高职高专给水排水工程专业系列教材

水资源与取水工程

刘自放 张廉均 邵丕红 编
张淑英 主审

中国建筑工业出版社

图书在版编目（CIP）数据

水资源与取水工程/刘自放，张廉均，邵丕红编．
北京：中国建筑工业出版社，1999
高职高专给水排水工程专业系列教材
ISBN 978-7-112-04008-7

Ⅰ．水…　Ⅱ．①刘…②张…③邵…　Ⅲ．①水资源管理-高职高专-教材②取水-水利工程-高职高专-教材
Ⅳ．TV67

中国版本图书馆 CIP 数据核字（1999）第 53277 号

本书为高等专科学校给水排水工程专业系列教材之一，主要介绍目前常开发利用的自然界水资源的存在形式、基本特性、运动规律及其水质污染、水量水质评价、水资源体控制等的基本概念、基本原理、分析或计算的基本方法，以及地表水、地下水取水工程的取水方式、系统组成、工作原理、运行管理、设计计算等内容。

本书可作为给水排水工程、水体工程及其他有关专业的教材或教学参考书，也可供从事水资源开发与规划、市政建设、水体保护等专业工作的工程技术人员参考。

高职高专给水排水工程专业系列教材
水资源与取水工程
刘自放　张廉均　邵丕红　编
张淑英　主审

*

中国建筑工业出版社出版、发行（北京西郊百万庄）
各地新华书店、建筑书店经销
廊坊市海涛印刷有限公司印刷

*

开本：787×1092 毫米　1/16　印张：10¼　字数：243 千字
2000 年 6 月第一版　2015 年 11 月第九次印刷
定价：**16.00** 元
ISBN 978-7-112-04008-7
（17183）

版权所有　翻印必究
如有印装质量问题，可寄本社退换
（邮政编码　100037）

前 言

本书是高等专科学校给水排水工程专业系列教材之一。它根据全国高等学校给水排水工程学科专业指导委员会专科组1996年春季会议通过的《水资源与取水工程》课程教学基本要求，按50学时编写。

本书根据目前的给水排水工程专业专科教育培养目标，在教学体系及内容上作了较大的调整，将《水文学》、《供水水文地质》课程中的部分内容纳入本书，并以较大的篇幅介绍了有关水资源的污染及其控制、水资源的水质监测与预报、水资源评价与开发规划等方面的内容，这在以往的教材中是不曾有过的。有关水资源及其水体的问题，是日趋严峻的水体污染问题和给水排水工程事业不断发展的新形势，要求从事给水排水专业的工程技术人员及其他有关人员应该高度重视的问题。

本书共分绪论、1~5章六个部分。绪论部分介绍了水资源的重要意义、水资源与取水工程的主要任务及其发展概况；第一章主要介绍水资源的存在与循环形式，地下水、地表水的运动特性；第二章主要介绍水体的水质特点及其影响因素，水体的污染监测、预报与控制等内容；第三章主要介绍水资源量的计算、水质水量评价与水资源开发规划等有关内容；第四章内容为地下水取水工程；第五章内容为地表水取水工程。

本书的绪论，第一章第一、二节，第二章，第三章第二、三、四、五节由长春建筑高等专科学校刘自放编写；第一章第三节，第三章第一节中的三小节，第四章由河北工程技术高等专科学校张廉均编写；长春建筑高等专科学校邵丕红编写第三章第一节中的一、二、四小节、第五章及附录部分，并绘制全书插图。

本书由兰州铁道学院张淑英教授主审；在本书的出版过程中，南京建筑工程学院周虎城教授、兰州铁道学院张淑英教授对本书初稿进行了详尽地审阅和修改，提出了许多宝贵的意见；全国高等学校给水排水工程学科专业指导委员会专科组对本书初稿进行了认真地评审；一些大专院校的教师、设计、施工单位的同行，对此书提出了很多的宝贵意见；在此，对他们表示衷心的感谢！

由于编者水平有限，本书的编写难免存在一些缺陷和疏漏，在此，恳请广大读者不吝赐教。

编者

1998年6月

目 录

绪论 1

第一章 水资源存在形式与运动特性 4
    第一节 水的存在与循环 4
    第二节 地表水及其运动 7
    第三节 地下水及其运动 16
        思考题 33

第二章 水体水质特点及其污染控制 34
    第一节 水体水质特点及其主要影响因素 34
    第二节 水体污染监测与预报 36
    第三节 水体污染控制 51
        思考题 55

第三章 水资源的计算与评价 56
    第一节 水资源的计算 56
    第二节 水资源量评价 67
    第三节 水体质量评价 69
    第四节 水资源开发规划 78
        思考题 80

第四章 地下水取水构筑物 81
    第一节 概述 81
    第二节 管井 81
    第三节 大口井 99
    第四节 辐射井与复合井 102
    第五节 渗渠 105
    第六节 地下水人工补给 110
        思考题 111
        习题 112

第五章 地表水取水工程 113
    第一节 地表水取水工程概述 113
    第二节 岸边式取水构筑物 115
    第三节 河床式取水构筑物 119
    第四节 浮船式取水构筑物 127
    第五节 缆车式取水构筑物 130
    第六节 其他取水构筑物 132
        思考题 140

附录 141
  附录一 141
  附录二 147
  附录三 152

绪　　论

一、水资源及其对人类的重要意义

水是人类赖以生存的重要资源。没有水，人类将无法生存和发展。人们的日常生活与各行各业，几乎无处不需要用水。纵观人类文明史，可以说，最初的古代文明大多是依偎着大河流域而发展的。黄河、长江与中华民族几千年文明史，尼罗河与古埃及文化，"新月沃地"与古巴比伦，印度河与古印度，所有这些，无一不是由当地的大河流域孕育出的古老文明。

人类对环境的认识，经历了漫长而曲折的历程，付出并且正在付出沉痛的代价。直至今天，人们仍不得不接受环境给予人类无情而且严酷的回报。

19世纪欧洲的工业革命，似乎突然唤醒了人类改变自身生活环境与周围世界的热望。人们近乎贪婪地向自然界索取着被认为是取之不尽、用之不竭的资源。毫不例外，自然界的水资源也难免遭受同样的命运。随着科学的进步和社会的发展，人类对自己周围的水资源量的需求也越来越大。人们从各种各样可以利用的水资源（江、河、湖、海、地下水等水体）中取水，按照自己所要求的水质对水进行处理、使用，最后将用过的污水排放回天然水体。由于人们对水的需求量在不断地增长，很多地区的水资源量已难以满足人们的需求，出现了开采量接近甚至超过水资源量的现象。与此同时，这些开采利用过的水，又在没有很好地进行处理的情况下，大量地排入自然水体，致使一些地区可用的自然水资源水量濒临枯竭。这些有碍于自然水资源平衡的人为活动，导致江河水流量减少、湖泊贮水量萎缩、地下水位急骤下降、水质遭受严重污染，引起水环境状况的严重恶化。

正当人们为自己所创造的当今现代化世界而沾沾自喜的时候，由于水环境污染而出现的各种公害病，如日本的水俣病，给了人们当头一棒。无情的事实使人们开始反思、警醒，水资源是有限的，人类只有一个地球！

水是人类社会生存发展的基础资源之一。不仅过去和现在，水在人们的日常生活和人类社会的发展中担当着重要的角色，即便是将来，它仍然毫无疑问地是人类生存和发展必不可少的物质基础。因此，保护水资源，合理地加以开发和利用水资源，使人类社会与自然环境协同发展，事在当代，功在千秋。

二、水资源与取水工程的目的与任务

水源是取水工程研究解决的首要任务，水源的选择又和水资源的开发利用密切相关。

水资源与取水工程这门课程的学习目的，就是在充分了解水资源环境的基础上，学会合理地对水资源加以开发利用，在为人们的日常生活和工农业生产提供所必需的水源的同时，确保水资源环境满足"人与自然协调发展"所应具备的条件。

本门课程的任务，是以目前科学技术的发展阶段与工程技术的现有水平为前提，对已被人们广为开发利用的水资源形式进行探讨，介绍他们的存在形式、基本特征以及运动的基本规律，分析水资源产生污染的影响因素及其被污染后产生的危害，研究进行水资源污染检测、评价、预报、控制以及对于一般的较小流域进行水资源的规划的基本方法，系统地介绍地下水与地表水取水工程系统及其构筑物的基本组成、工作原理、设计计算、工程施工、运行管理等工程技术知识。

三、我国水资源与取水工程的现状与发展

我国水资源总量排在世界的第六位，但人均水资源占有量却只有世界人均占有量的1/4，加之我国水资源量在时空上的分布又极不均匀，以及近年来经济发展带来的水环境的污染，使得原本就很匮乏的水资源更加显得危机重重。随着我国改革开放的不断深入，经济建设的迅猛发展，人民生活水平的不断提高，一方面对水资源量的需求不断增加，另一方面污染物质的排放造成水资源的污染，使可利用的水资源量持续下降。

据1993年的统计，虽然全国大江大河干流的水质状况基本良好，但流经城镇的河段污染较严重。1993年，全国废水排放量355.6亿t，其中工业废水219.5亿t。工业废水中化学需氧量622万t、重金属排放量1621t、氰化物排放量2480t、挥发酚排放量4996t，造成城市地面水污染普遍比较严重。在七大水系和内陆河流水质评价的123个重点河段中，符合《地面水环境质量标准》1、2类的占25%，符合3类标准的占27%，符合4、5类标准的占48%。我国的华北、西北、胶东、辽宁中南部和部分沿海城市水资源量已不能满足城市日益增长的水量要求，以致这些城市严重缺水。我国主要城市地下水供需矛盾仍很突出，天津、石家庄、太原、南京、大连、苏州、无锡、常州、宁波、温州、大同、宝鸡、唐山、保定等城市地下水超采严重。西安、太原、宝鸡、大同等城市地下水水质较差。

总之，目前我国水资源的总体状况不容乐观。为了使我国的水污染状况得到改善，自1984年5月，第六届全国人大常委会第五次会议通过了《水污染防治法》；1986年11月国务院环委会颁布了《关于防治水污染技术政策的规定》；1988年1月21日第六届全国人民代表大会常务委员会第二十四次会议通过了《中华人民共和国水法》；1989年9月国务院颁布了《水污染防治法实施细则》；1996年5月，第八届全国人大常委会第十九次会议又对《水污染防治法》进行了修正。可以说，我国水环境保护已经进入了法制化的轨道。我国的九五计划和2010年远景目标中，特别强调了"可持续发展"的原则，在这一原则的指引下，我国水资源环境的治理开始逐步向良性循环的方向迈进。

曾经被认为是"取之不尽、用之不竭"的水资源，在水源匮乏、水环境恶化、水危机频频告急的今日，已唤起人们对水资源价值的重新认识。如果使用一项新的技术能使废水回用，不但减少了废水排放造成的污染，而且节约了新鲜水，可以用来创造新的经济价值。所以，水污染防治这种行为的本身，不但具有社会和环境方面价值，还可为社会创造经济价值。"水"是具有经济价值的商品，这一点已被越来越多的人们所认识。

水环境污染的控制，长期以来一直采用"末端处理"的方法。近年来，人们开始认真研究工业生产过程中减量、减毒、节约能源和水、原料的问题，尽量采用清洁技术与工艺进行"清洁生产"，以达到污染物质的减量排放甚至零排放。近年来，我国提出大力推行清洁生产，环保投入也逐年增加，据我国国民经济与社会发展九五计划对环境保护工作提出的要求，到2000年，力争使环境污染和生态破坏的趋势得到基本控制，部分城市和地区的环境质量有所改善。可以相信，在今后一段时间内，我国水环境污染控制将进入一个持续发展、逐步走向良性循环的新的历史时期。

由于区域水资源的有限性，许多地区的水资源已不能满足人们日常生活和城市发展的

需要，人们不得不扩大范围另寻水源。近年来，长距离、大流量乃至跨流域的取水工程已不鲜见，地表水取水工程的规模越来越大，在给水工程中所占的比重也一再创下新的记录；为了更多地或取得不受污染的地下水，取水的管井越打越深，建造费用也随之增高。虽然，目前的水处理技术已能够通过进行污水的深度处理或是对海水进行淡化获取淡水资源，但为此付出的昂贵的费用却让人望而生畏。海水作为一种水资源，其资源量虽然非常大，但其较高的含盐量无法采用常规的地表水处理技术将其去除，故目前仍无法将海水广泛用于日常生活和生产。利用反渗透技术进行海水的淡化处理，目前已取得了新的进展，许多海水淡化系统也已能为人类提供淡水，但形成规模的工业化生产，还仅在少数国家里得以进行。因此，在现阶段，取水工程取水的主要对象仍然是以河流、湖泊形式存在的地表淡水或是以潜水、承压水形式存在的地下淡水。取水工程目前发展的主要趋势，在于采用新设备、新材料和应用微机自动化控制等先进技术，使取水工程安全、可靠、高效地运行。

第一章 水资源存在形式与运动特性

第一节 水的存在与循环

一、自然界水的分布

地球表面 3/4 的面积被水所覆盖,这足以说明水是地球上总量最多、分布最广的资源之一。水除了以液态的形式存在以外,还以气态和固态的形式存在于地球上,如大气中所含的水、陆地上的冰川等。据有关专家计算,全世界总贮水量约为 $1.39 \times 10^{18} \mathrm{m}^3$,其中绝大部分为海水,约占总贮量的 96%~97%。

地球上海水、淡水的分配比　　　表 1-1

海水及高矿化度水	淡水	合计
97.3%	2.7%	100%

地球上淡水的分配比　　　表 1-2

冰盖及冰川	77.2%
地下水	21.95%
土壤水	0.45%
大气水	0.35%
湖泊、沼泽水	0.04%
河槽水	0.01%
合　计	100.00%

人类开发利用的水资源主要是存在于自然界的淡水。全世界淡水的总存贮量约为 $3.6 \times 10^{16} \mathrm{m}^3$,占地球总贮水量的 2.6%。这仅有的少量淡水,在地球上的分布还极不均匀。存在于南极或其他地区的永久性冰雪覆盖占去了淡水的 2/3,还有一些淡水贮量人类目前还无法直接利用。由于人们生活的区域有限,仅能开发利用自身活动范围附近的地表水与埋藏不很深的地下水。在现阶段,因受技术条件所限,海水还难以成为广泛利用的水源。因此,虽然地球上的总水量非常充足,但可被人类开发利用的淡水量却很少。地球上海水及高矿化度水与淡水的分配比见表 1-1,地球上淡水的分配比见表 1-2。

二、水资源及其存在形式

水是人类赖以生存的最重要的基本物质之一。人类开发利用自然界淡水资源的主要目的,是希望得到能长期提供稳定的淡水供给。因此,水资源是一种积极参与自然界水循环并且可从循环中得到补充的、可被长期利用的淡水水源。在目前条件下,水资源一般是指存在于地球表层可供人类利用的水量,主要包括河流、湖泊和 600m 深度以内含水层中,可以恢复和更新的淡水。

目前,人类可开发利用的水资源,主要以地表水与地下水的形式存在。地表水主要指江河、湖泊、水库等;地下水主要指埋藏在地表以下一定深度土壤中的潜水和承压地下水。

三、自然界的水循环

自然界中以各种形式存在的水,在自然与人为因素的作用下,处于不断的运动与转化之中,如图 1-1。水的运动与转化的方式是多种多样的,有些运动与转化的方式甚至是非常复杂的。影响水的运动与转化的主要作用因素是:阳光辐射、地球引力和人类活动。

在阳光辐射的作用下，地球表面大面积的水面、冰雪覆盖、植被覆盖等，将产生大量的水分蒸发。大量蒸发的水分随高空气流的运动，就形成了大气圈水的迁移。

地球引力在自然界的水循环中同样也扮演着重要的角色。空气中水蒸气的凝结形成了雨滴或冰晶，在重力的作用下从空中降落返回地球表面。降落到地表面的雨水或融化了的冰雪水，又在地球引力的作用下，形成由高向低的汇集流动或沿土壤孔隙的下渗渗流，进而在地表形成河流流动和在地下形成渗流流动。

图 1-1　水分循环示意图

自然界的水循环，按照循环过程涉及的范围可分为海陆循环、海循环和陆循环。海陆循环又称为大循环，海循环或陆循环又称为小循环。在地球上，由于海洋和陆地的分布，自然构成了地球上几个大的水循环系统；其中，每个大的水循环系统中又交织着一些小的水循环系统。

在地球表面，大部分的面积被海洋所覆盖，在阳光辐射的作用下，海水向上蒸发，大量的水气上升，推动了水循环中水的上升运动。此外，地球表面的其他部分，如陆地表面、河流湖泊、地面植被、雪山冰川等，也同样在阳光辐射的作用下，产生数量可观的水蒸气。这些水气向上蒸发，促使水循环在规模和复杂程度上进一步的发展。

上升的水蒸气在一定的环境条件下，不仅随着大气环流的移动而迁移，而且不断凝结、发展。当环境条件具备时，凝结的水气就发展成为降水。水气由海面上升，经过迁移、形成降水、又回到海洋的，称为水的海循环。同样，水气由陆地上升，经过迁移、形成降水、又回到陆地的，称为水的陆循环。而水气主要由海面上升，经迁移到内陆、然后形成降水到地面、经地表汇流和地下汇流，最终又回到海洋的，又称为水的海陆循环。

在沿海地区，地域表面有大面积的海水覆盖，水的蒸发量大，造成空气中的水气含量相对较大，水气容易凝结而形成降水，再经地表汇流流入大海，水循环相对活跃；在内陆地区，地域表面主要是岩土和植被，水的蒸发量明显下降，空气中水气含量相对减少，降水量也随之下降，水循环明显减弱。由于海洋上空大量的水气在向内陆迁移的过程中，会不断地形成降水，导致空气中水气的总量逐渐减少，虽然内陆地表蒸发的水气量在迁移的过程中不断有所补充，但其量难以和沿海相比，故内陆地区的水循环量因此而逐渐减少，受海洋迁移来的水气量的影响，沿内陆纵深方向越来越弱。自然界的水循环如图 1-2 所示。

人类活动对自然界的水循环产生着越来越显著的影响。在这些影响中，有些虽然可以

5

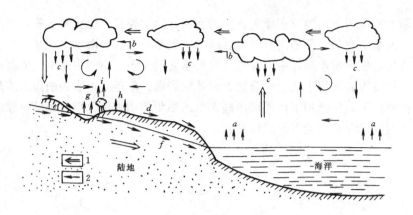

图 1-2 自然界水循环示意图

1—大循环各环节；2—小循环各环节；a—海洋蒸发；b—大气中水气转移；
c—降水；d—地表径流；e—入渗；f—地下径流；g—水面蒸发；
h—土面蒸发；i—叶面蒸发（蒸腾）

使自然界的水循环朝着有利于人类社会和自然水环境的方向发展（如适当的修建水库、植树造林等），但不少人类活动对自然界的水循环和自然水环境产生着不利的影响，有些甚至产生了相当严重的后果。随着人类社会的进步和发展，人们对内陆淡水资源水量的需求越来越大。当人们大量、甚至过量开采使用地表水和地下水时，自然界原有的水循环和自然水环境必然受到严重的影响。例如，黄河上游对黄河水的过量的开采，导致出现了目前黄河大纵深、长周期断流的严重情况；过量开采地下水，造成地下水位和地面的持续下降，这已经成为困扰我国许多城市的严重问题。大面积森林的砍伐和植被的破坏，会造成水量蒸发减少，水循环能力减弱，加速水土流失和土地的沙漠化进程；大面积围滩、填湖造田，造成河、湖严重萎缩。这些都严重地破坏了水的自然循环，最终将导致部分地区淡水资源严重的失衡甚至枯竭。因此，在开发利用自然水资源的同时，注意保护自然水环境、采取可能的措施促进水的自然循环向良性循环发展，坚持走"可持续发展"的道路，是合理开发利用自然水资源的基本原则之一。

四、区域水量平衡

根据物质不灭定律，对于任一封闭的区域，在给定的时段内，该地区的水量应满足下列关系：输入给定区域的总水量与输出该区域的总水量的差值，等于该区域总水量的增量，可用式（1-1）表示。

$$W_i - W_0 = \Delta W \tag{1-1}$$

式中 W_i——输入给定区域的总水量；

W_0——输出该区域的总水量；

ΔW——区域总水量的增量。

式（1-1）为流域水量平衡基本方程式。流域水量平衡方程式对于不同的区域、不同的给定时段，方程中各参数的值也有所不同，当 $W_i < W_0$ 时，ΔW 值可为负值。当采用式（1-1）研究区域多年水量平衡问题时，输入给定区域的总水量与输出该区域的总水量应近似相等，区域总水量的增量应近似为零。

影响区域水量平衡的主要因素有：降水量、蒸发量、地表水流入量与流出量、地下水流入量与流出量。这些影响因素的变化，将导致区域内贮水总量的增加与减少。

研究区域的水量平衡，建立区域的水量平衡方程，进行区域水量平衡的定量分析与计算，对于了解和掌握该区域水资源的量及其循环变化规律，有着重要的意义。

第二节　地表水及其运动

一、河流与流域

（一）河流的形成

河流是自然界水循环的重要组成部分。当天空形成降雨时，其总量中的一部分直接降落到海面或其他非流动性的水面；一部分降落到地面后又通过各种方式直接蒸发；一部分降落到地面后又先后渗入地下；还有一部分雨水被一些其他因素（如被地面植被吸收等）所损耗；这些雨水都未能最后参与地表的汇集流动。只有降落到地面的经过各种损失后所剩余的那部分雨水，在重力作用下由高向低，通过地表漫流向地表谷地汇集流动，然后沿着地表谷地的自然坡度不断地边汇集边流动，且规模越来越大。雨水在地表面的汇流过程称为地表径流。

地表谷地供雨水汇集流动的凹槽称为河槽。在河槽中形成一定流量的径流，称为河川径流。这种沿地表天然河槽形成的汇流，通常又称为河流。

（二）干流与支流

河川径流过程是一个由小规模径流不断并入，逐渐形成大规模径流的过程。随着径流的不断发展，径流流量也随之不断汇集增加。河川径流将汇集的水流注入内陆湖泊或注入海洋的，称为河流的干流。一条河将汇集的水流注入另一条河，则称该河为另一条河的支流。支流按其所注入的河流的层次不同，可以进行分级：直接汇入干流的河流称为干流的一级支流；汇入一级支流的河流称为干流的二级支流；汇入二级支流的河流称为干流的三级支流；以此类推，如图1-3所示。

河流的干流及其各级支流组成的脉络相通的河流系统，称为河系或水系。水系通常用其干流的名称来命名。如长江水系、黄河水系等。同样，在研究某一局部地区或某一支流的径流问题时，也可以认定某支流及其以下各级支流组成的河流系统为河系或水系，并通常以该支流的名称为其水系命名。

（三）河流的分段

一条发育完整的河流，沿其径流流程可以划分为河源、上游、中游、下游和河口几个部分。

河源　是指开始形成地表径流的源头或区域，如泉水、冰川、沼泽、湖泊、山坡、塬地等。当河流的源头主要来自于雨水汇集时，其源头往往为有一定坡度的扇形区域。

河流上游　一般指来自于河源的水开始形成河槽径流，而且奔流于山区峡谷中的一段落差大、水流急、冲刷强烈、常有急滩瀑布、河岸陡峭的河段。

河流中游　一般指坡降逐渐缓和、水流渐缓、河床冲刷和淤积接近平衡、水量逐渐汇集、河槽底面渐宽的河段。

河流下游　一般指流动于被河中泥砂逐渐淤积而形成的冲积平原上，坡降小、水流慢、砂洲众多、河槽断面复杂的河段。

河口 一般指水系径流最终入海（或入湖、注入其上级河流）的河流终端过水断面。由于河口处水流断面逐渐扩大、流速骤减，河水夹带的大量泥砂往往在此沉积，形成砂洲或河口三角洲。消失于沙漠中的河流则没有河口。

河流的基本特征可用河长、河流的比降、弯曲系数、河槽基本特征等参数来描述。

（四）河长与弯曲系数

河长 从河源至河口沿河道中泓线（溪线）进行测量所得到的河流的实际长度。河长往往用于河流坡度、落差、能量的计算。

弯曲系数 河道的河长与河口至河源间直线距离的比值。河流弯曲系数的大小，直观地反映了河流或河段的平面

图 1-3 流域水系示意图
1—河口；2—干流；3——级支流；4—二级支流；
5—三级支流；6—流域边界

弯曲程度，同时也间接地反映了河流流经地区的地形地貌特点。同理，弯曲系数也可用于反映某河段的弯曲程度，即任一河段的弯曲系数等于起始断面至截止断面间河段的实际长度与两断面间的直线距离的比值。

（五）河槽的基本特征

河槽的断面形状 河槽的断面形状与多种因素有关：如地形地貌、地质岩性、水流汇流特性等。一般情况下，河流上游河槽窄而深，河流下游河槽宽而浅，如图 1-4（a）。

河流的溪线 河槽中沿流向各过水断面最大水深点的连线称为中泓线，也称为溪线。

河流的平面形态 对于一般平原地区的河道，由于河流流动时，受河槽、岩性、走向与水流在流动时过水断面上流速分布不均匀等因素及其他因素的影响，将产生横向环流。在横向环流作用下，河床断面深度分布呈一定的规律性。靠近河流凹岸一侧，水深一般较深，称为深槽；靠近河流凸岸的一侧，则水深较浅，称为浅槽，如图 1-4（b）。深槽与浅槽沿河流流向受横向环流的影响，有呈交替出现的规律，河流的平面形态多呈蜿蜒曲折状，如图 1-4(c)。

对于山区河流，河槽多由岩石构成，沿流程坡降变化与断面形状差异非常大，平面形态异常复杂，很难呈现一定的规律。

了解平原与山区河流平面形态的一般规律，对于取水工程的设计、施工与运行管理，都有重要的实际意义。

（六）河流的纵断面与横断面

河流的纵断面 沿河流流向河槽溪线的剖面称为河流的纵断面。作河流的纵断面图，可以直观地描述河流沿流程溪线的高程变化。所以，河流的纵断面图也称为河流的高程图。利用河流的纵断面图，可以方便地了解河流的落差分布、沿流程的水流特性及能量的变化趋势。

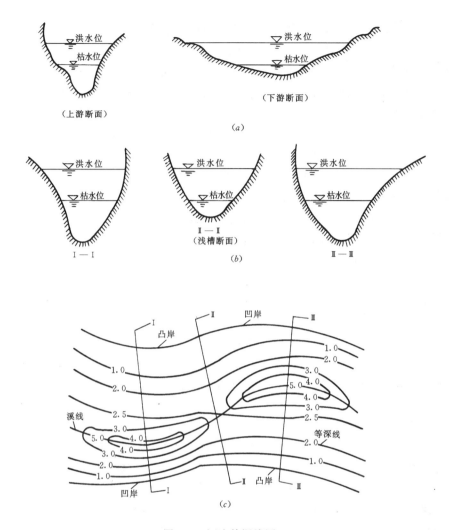

图 1-4 河流等深线图

河流的横断面 垂直于河流流向河槽的剖面称为河流的横断面。绘制河流的横断面图，可以直观反映河槽断面底面与河岸的形状。在河流的横断面图上，一般同时标有河流的洪水水位线与枯水水位线，如图 1-4 (b)。包括水位线在内的横断面为过水断面，根据横断面的形状，可将其分为平式与复式断面，复式断面又可分为主槽（枯水河槽）和边滩（洪水河槽），如图 1-4 (a)。利用河流的横断面图及洪、枯水位线，可以方便地确定河槽的主槽及边滩的位置，计算洪、枯过水断面面积。

河流的比降 任一河段始断面与终断面间河底或水面的高差与相应两断面间距离的比值，称为该河段底坡坡降或水面坡降，如式 (1-2)：

$$J = \frac{Z_1 - Z_2}{L} \tag{1-2}$$

式中 J——河底或水面的坡降，常用百分率（%）或千分率（‰）表示；

Z_1、Z_2——始断面与终断面河底或水面的高程，m；

L——始断面与终断面间的距离，m。

在河流横断面水面上，一般还存在有水面的横向比降。水面横向比降的产生，主要是地球自转所产生的偏转力与河流水流流经弯道时的离心力所致。

横向环流与纵向水流的综合作用，形成河槽中水流的螺旋流动。这种螺旋流动使得河槽凹岸受到冲刷，形成深槽；凸岸被泥砂淤积，形成浅滩。

了解河流比降的规律，对于分析选定取水构筑物的位置是十分重要的。

（七）分水线与流域

分水线 雨水降至地面后，会根据地形地貌的特点，在重力作用下从地势高处向低处流动，逐渐汇集形成地表径流。在汇集过程中，某区域的雨水只可能汇入某一河系，而不会汇入另外的河系。这种相互对应的关系，取决于区域周围地势最高点所构成的边界线。只要边界线处地势不改变，汇水区域也就不会改变。区域周围的边界线往往由山脊线组成，所以也称为分水岭。除山脊线外，区域周围其他地势最高点的连线也同样能起到分水岭的作用。这种包围水系汇水区域周边地势最高点的连线称为汇水区域的分水线。

流域 由汇水区域分水线所包围的汇水区域，又称为流域。流域一般用该区域内的水系名称来命名。

二、河川径流

（一）河川径流及其表示方法

河川径流是指降水经地表和地下径流汇集至河槽中并沿河槽流动的水流。河川径流的流量特征可用径流特征值表示。

径流总量 在一定时间范围（T）内，流过河流过水断面（F）的累积水量，称为径流总量，用 W 表示，以立方米（m^3）计。

径流流量 单位时间内流过河流过水断面（F）的水量（W），称为径流流量，用 Q 表示，以立方米/秒（m^3/s）、立方米/小时（m^3/h）、立方米/日（m^3/d）计。

径流模数 单位流域面积（F）上平均产生的径流流量（Q），称为径流模数，用 M 表示，以升/秒·平方千米（$L/s \cdot km^2$）计。

径流深度 在一定时间范围（T）内，流域产生的径流总量（W）在流域面积（F）上能产生的平均水层深度称为径流深度，用 Y 表示，以毫米（mm）计。

径流系数 在一定时间范围（T）内，流域内径流深度（Y）与降水量（X）的比值，用 α 表示。径流系数值小于1，是无因次量，反映了流域内的降水所能形成的径流量的多少。径流系数与地形地貌、流域地表土壤渗透性能、流域内植被覆盖等因素有关。如地势山陡坡急、地表大部分为不透水的岩石、并且无植被覆盖，则径流系数值较高；若地表坡度缓、地表土壤大部分渗透性能良好、地表有大面积的植被覆盖，则径流系数值一定较小。径流系数的多年平均值一般比较稳定，且有一定的区域性。

（二）河川径流的影响因素

1. 流域的气象条件对河川径流的影响

流域的气象条件是河川径流最重要的影响因素。在众多气象因素中，降雨和蒸发对河川径流的影响最大。

降雨对河川径流的影响在于：当雨量相同时，降雨历时越短、强度越大，相应径流量就越大；若降雨历时长、强度弱，则径流量就小。

蒸发对径流也有很大的影响。蒸发对径流量的影响是长时间作用的结果。虽然蒸发在一次降雨历时内对径流总量影响不大，但流域内的大部分水量都是在蒸发的作用下而消耗的。我国湿润地区降雨量30%以上、干旱地区降雨量80%以上都消耗于蒸发，剩余部分才形成径流。

气象因素中的气温、湿度、日照、风等，也间接地影响着降雨与蒸发，故对径流也有一定的影响。

2. 人为活动对河川径流的影响

人为活动对河川径流的影响主要表现在以下几个方面：修建拦河堤坝，大量从河道中取水，在河流上游大面积砍伐森林，流域内植被被破坏等。这些人为活动，影响了河流径流的径流量的原有变化规律，甚至造成河流断流和洪水泛滥。

（三）地下径流

雨水降落至地面后，一部分在地表流动形成地表径流，另一部分在径流过程中逐渐渗入地下补给地下水。地下水在不同的地下水位作用下，在地层中渗流流动，形成地下径流。地下径流受不同的地形地貌及地质条件的影响，与地表径流有着相互补给的关系。

（四）固体径流

河流流动过程中，挟带着水中的悬移质泥沙与沿河底滚动的推移质泥沙，这些泥沙的运动又称为固体径流。河流的固体径流与河流流经区域的土壤性质有关，也与地表径流量有着密切关系。土壤疏松，河流流经时泥沙流失严重，必然导致河流含沙量大，固体径流量增加；若土壤岩性坚实，河流流经时无大量泥沙卷入，河水含沙量小，则固体径流量下降。当降雨来势迅猛，径流流量迅速增加，水流流速较大时，河流挟沙能力强，造成固体径流量升高；若流域内降雨量小，降雨过程变化平缓，径流汇集缓慢，径流流速低，河流挟沙能力减弱，则固体径流量减小。

三、设计年径流与洪枯径流

河流径流的水位、流量，降雨的雨量、强度等，它们发生的时间及大小都具有一定的随机性，可以用数理统计分析的方法找出其统计规律，并按照其揭示的规律为工程建设服务。

设计年径流与洪枯径流就是根据河流实测的水位、径流量等资料，经统计分析计算，找出其发生的规律，按照给水排水工程的性质与相应的工程安全可靠性及技术经济要求，所选定的年径流与洪枯径流的设计值。

水文资料应用数理统计进行分析，也称为水文统计法。

（一）机率与频率

随机事件在客观上出现的可能性称为机率，也称为概率。某事件 A 的机率 $P(A)$，可表示为该事件在客观上可能出现的结果次数 f 与一切可能出现的结果次数 n 的比值，如式(1-3)：

$$P(A) = \frac{f}{n} \tag{1-3}$$

在具体的重复实验中，随机事件 A 出现的次数 f（也称频数）与总的实验次数 n 的比值，称为该事件出现的频率 $W(A)$。

$$W(A) = \frac{f}{n} \tag{1-4}$$

机率（也称概率）指事件发生可能性的大小；而频率，指事件在实际实验中，真实出现的次数与实验总次数的比值。事件发生的可能性的大小与是否进行实验无关，而频率则必须经过实验才能最终得到。

(二) 累计频率与重现期

在给水排水工程中，经常要研究和解决大于等于（或小于等于）某一特征值的水文现象发生的频率问题。如：某河流的水位，只要等于或高于河岸堤坝标高时，都会漫过堤岸，给河流两岸带来不同程度的危害。

累积频率 累积频率 $P(x \geqslant x_i)$，是指观测一系列具有特征值的随机事件 x（$x=x_1$、x_2、x_3、…、x_i、…、x_n，且 $x_1 > x_2 > x_3 > \cdots > x_i > \cdots > x_n$）时，参照某给定的特征值 x_i，观测系列中等量和超量事件 $x \geqslant x_i$ 发生的次数 m 与总观测次数 n 的比值，即：

$$P(x \geqslant x_i) = \frac{m}{n} \tag{1-5a}$$

式中 m——观测系列中等量和超量事件（$x \geqslant x_i$）发生的次数，$m = f_1 + f_2 + f_3 + \cdots + f_i$，其中 f 为相应随机事件 x 出现的次数；

n——总观测次数，$n = f_1 + f_2 + f_3 + \cdots + f_i + \cdots + f_n$，其中 f 为相应随机事件 x 出现的次数。

上式表明，累积频率是等量和超量事件出现的次数与总观测次数的比值，也即是若把等量和超量事件看为某一随机事件，只要其特征值等于或超过某一定值，就认为该事件发生，并以此计算事件发生的频率。

式 (1-5a) 适用于进行无穷次观测时累计频率的计算。对于样本频率的计算，可采用式 (1-5b)：

$$P(x \geqslant x_i) = \frac{m}{n+1} \tag{1-5b}$$

累积频率是水文统计分析中一个非常重要的概念，工程上简称为频率，实用中常用重现期的概念。

重现期 重现期（T）是指等量和超量随机事件 x 平均多少年（或多少次）可能遇到一次，有时也称为多少年（或多少次）一遇。

研究洪峰流量、洪水水位、暴雨时，重现期（T）与频率（P）的关系可用下式表示为：

$$T = \frac{1}{P} \tag{1-6a}$$

式中 T——重现期；

P——累积频率。

研究枯水流量、枯水水位时，重现期（T）与频率（P）的关系可用下式表示为：

$$T = \frac{1}{1-P} \tag{1-6b}$$

式中符号同前。

(三) 年径流与洪、枯径流

年径流与洪、枯径流是表征河川径流的重要特征值。

一年内通过河流某过水断面（如河口等）的径流量称为这个断面及其相应流域的年径流量。年径流量可以用年径流总量、年平均流量、年径流模数、年径流深度等表示。多年径流量的平均值称为年正常径流量。在多年径流量资料基础上，经统计分析可以得出，年正常径流量随观测年数的增加而逐渐趋于一个比较稳定的数值。年正常径流量的稳定性表明了流域水循环的多年平均循环能力，是进行流域水资源蕴藏量计算的一个重要统计特征值。

同理，当进行流域多年降雨量与多年蒸发量的统计分析也可得出，流域降雨量与蒸发量的多年平均值也将分别趋于一个稳定的数值。

洪水径流指河槽中径流量激增、水位猛涨、超出正常径流范围的特大径流量。由夏秋季暴雨或长时间大面积降雨造成的洪水径流，称为雨洪；由春季冰雪融化产生的洪水径流，又称为春汛。洪水径流具有随机特性，遵循一定的统计规律。

枯水径流指河槽中径流量较少、河水水位较低，并且低于正常径流范围的径流流量。枯水径流一般出现在较长时间无降雨，河流的水源主要靠地下径流互补给状态时的河槽径流。枯水径流同样具有随机特性，也遵循一定的统计规律。

径流量的年内分配，一般指年径流量在一年内按逐月（或逐日、逐季等）统计的径流量及其变化规律。径流量的年内分配常用以时段为横坐标、以径流量为纵坐标的直方图表示；或用以时间为横坐标，以径流量为纵坐标的径流变化曲线表示。

年径流量和洪、枯径流量，虽具有多年的统计规律，但就每一年而言，年径流量和洪、枯径流量又各有完全不同的变化规律。

大于等于（或小于等于）某一特征值的洪水（或枯水）径流量平均出现的时间间隔，称为该特征值的洪水（或枯水）的重现期。

大于等于（或小于等于）某一特征值的洪水（或枯水）径流量在一定时段内出现的累计次数，称为该特征值的洪水（或枯水）出现的频率。

必须注意，百年一遇的洪水，其重现期为一百年，并不是说正好相隔一百年才出现一次，而是表示较长时间内（如100年）平均出现的可能性为1%，也许某个百年出现了几次，也许一次都不出现。再如，十年一遇的洪水的重现期为十年，平均出现的可能性为10%，以一百年计算，可能出现大于或等于某特征值的洪水径流有十次，平均约十年就有大于或等于该特征值的洪水出现一次，这十次大小均不相同，但都大于或等于十次洪水径流中最小的一次，则这十次洪水径流中最小一次的洪水径流值，就可作为重现期为十年的洪水径流的特征值。若某洪水径流小于重现期为十年的洪水径流的特征值，则该洪水的重现期一定小于十年。

在洪水（或枯水）径流量的统计规律中，洪水（或枯水）径流量越大（或越小），重现期越长，在一定时段内出现的频率越低。

（四）设计频率标准

通常情况下，某项工程（如地表水取水工程）的设计能力能满足的累积频率值越小（或重现期越长），其运行时遇到等量或超量的洪水（或枯水）的可能性就越小，相应的可靠性和安全度就越高。但是，这项工程的建造难度及工程造价也就随之增高。因此，在实际工程设计和建造过程中，既要考虑工程的安全可靠性，又要同时考虑工程的经济性。工程的设计频率标准不能定得太高，以免造成经济上不必要的损失。但也不能将设计标准定得过低，降低了工程的安全可靠性，带来不必要的损失。

工程中，设计频率和重现期的选择，应严格按有关的设计频率标准执行。

表1-3中给出了一般取水构筑物的设计频率标准和重现期。

工程说明	保证率 $I=(100-P)\%$	频率 $P(\%)$	重现期 T
取水构筑物的设计最高水位	—	1	100
用地表水作城市供水水源的设计枯水流量	90~95	10~5	10~20
减少水量严重影响生产的工业企业或城市的供水水源	90~97	10~3	10~33
村镇供水水源	适当降低	适当降低	
允许减少生产用水量的工业企业供水水源	按有关规定	按有关规定	

取水工程构筑物设计频率标准　　　　表 1-3

（五）设计年径流量和洪、枯径流量

满足一定设计累积频率标准（或设计重现期标准）的年径流量和洪、枯径流量，称为设计年径流量和洪、枯径流量。

四、湖泊与水库

湖泊与水库是自然界水循环的重要组成部分，是地表水资源存在及其运动的重要场所。湖泊的成因非常复杂，在漫长的地质年代中，地表岩层不断地运动与发展，河川径流的产生、发展与消亡，地球大气气候环境的变迁等，无不对湖泊的分布、形态、规模、特征等因素有着重要的作用。

湖泊与河流水系有着密切的关系，有些湖泊是河流的源头，有些处于径流过程中游，而有些却存在于径流过程的终点。

湖泊在水循环中起着重要的作用。湖泊提供的大面积水面，为水量的蒸发创造了良好的条件；湖泊的库容量能调蓄河川径流流量，使径流过程相对变得较为平缓、持久；水量在地表积存，促进了地表水向地下水的补给。

相对河川径流而言，湖泊中水流平缓，对岸边与湖底的冲刷减弱，水中泥沙含量少，水位随季节的变化迟滞，这些因素有利于水资源的开发利用。

在我国，面积在 $1km^2$ 以上的天然湖泊（不含时令湖）总数有 2300 多个。湖泊总面积约 71800 km^2，湖泊贮水总量约 $7.1\times10^{11}m^3$，其中淡水贮量为 $2.2\times10^{11}m^3$，约占总贮量的 31％。

水库是人工构筑的水利设施，其特点除分布完全是按照人类的安排外，其余方面的特点与天然湖泊相同。

五、地表水水文观测

（一）水位测量

河流水面（或湖泊、水库水面）上任一点，在某一时刻测得的水面高程值，称作河流水面（或湖泊、水库水面）该点的瞬时水位。水面高程根据参照的基准面不同，又分为相对高程和绝对高程。相对高程，可根据工程需要选定某参照基面作为高程计算的零点；绝对高程，必须以青岛验潮站黄海海平面平均高程作为绝对基面，并以此作为高程的零点。

河流水位，是了解河流基本状况的重要基础数据。水位观测一般从设立在河流观测断面上的水尺上直接进行。水尺刻度的零点高程，可以通过水准测量得出。若河流水位涨落幅度较大时，可在河流断面的不同高程上设多根水尺，彼此接续完成水位的观测，如图1-5。一般河流的水位观测次数可根据河流水位涨落的速度进行，水位变化快时多测，水位变化

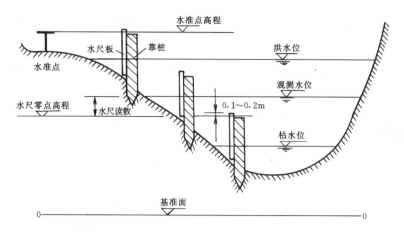

图 1-5 直立式水尺分段设立示意图

慢时少测。

(二) 流量测量

河流的流量一般通过过水断面面积和流速的测量以及相应的计算间接得出。

测量过水断面也称为水道断面测量。水道断面测量时,可先在待测断面河岸处设一固定点,然后在测量断面上距固定点不同水平间距处测得水流的水深,最终绘出过水断面图并计算过水断面面积。

流速的测量一般采用流速仪进行。根据作用原理的不同,流速仪又分为旋杯式和旋桨式,如图1-6(a)和图1-6(b)所示。

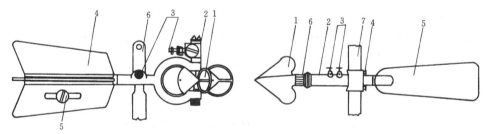

图1-6(a) LS68型旋杯式流速议　图1-6(b) LS25-1型旋桨式流速仪
1—旋杯;2—传讯盒;3—压线螺帽;4—尾翼;　1—旋桨;2—身架;3—接线柱;4—固定螺丝;
5—平衡锤;6—悬杆　　　　　　　　　　　　5—尾翼;6—反牙螺丝帽;7—悬杆

流量和水位有着密切的相关关系。通过对水位和流量的测量,积累一定量的水位和流量数据,并对其进行相关分析,可以找出他们之间的相关规律。水位和流量间的相关关系,可以用函数表示,也可以用曲线表示。当已知水位和流量的相关关系时,可以通过测量河流的水位,间接了解河流的流量。水位与流量的相关关系,要受到河床冲淤变化和洪水涨落变化等因素的影响。河床淤积,堵塞河道,同水位时流量下降;反之,河床受到冲刷,河道断面积增加,则同水位时河流流量增加。河道内洪水发生时,上下游河面水位差大,水流流速大,同水位时流量偏大;河道内洪水落水时,上下游河面水位差变小,水流流速变缓,同水位时流量就将偏小,如图1-7所示。

推移质泥砂又称底砂,颗粒大而重,在水流作用下沿河床底面顺水流向前推移。推移

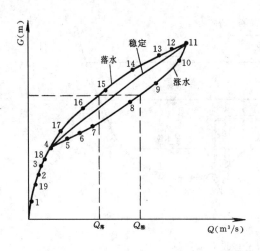

图 1-7 受洪水涨落影响的水位流量曲线

质泥砂的测量,一般采用推移质采样器在过水断面底部布点采样,先测得采样点的输砂率,最后推求整个过水断面的推移质泥砂输砂率。

(三) 泥砂测量

河流泥砂测量分为悬移质测量和推移质测量。

悬移质泥砂又称悬沙,颗粒小而轻,随水流的紊流流动而悬浮在水流中。单位时间内通过过水断面的悬移质泥砂的重量称为悬移质输砂率。由于过水断面各点悬移质泥砂及流速分布不均匀,悬移质输砂率的测量应将过水断面适当划分成小区,先进行各区测点悬移质输砂率的测定,然后推求过水断面的总悬移质输砂率。

(四) 冰凌观测

冰凌观测一般项目有:岸冰、流冰、封冻、冰厚、冰流量、水内冰情等。冰凌观测主要是通过目测、人工测量的方法进行。

第三节 地下水及其运动

一、地下水形成条件

地下水系指埋藏和运动于地表以下松散土层或坚硬岩石空隙(孔隙、裂隙、溶隙等)中的水。大气降水(雨、雪、霜、雹等)和地表水(河渠、湖泊、池塘等)渗入地下形成地下水,岩土空隙是地下水贮存和运动的先决条件。

(一) 地下水存在形式

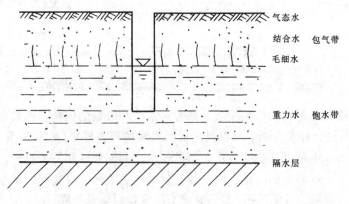

图 1-8 各种形态地下水分布

地下水在地表下运动和贮藏的空间可分为两个带,即包气带和饱水带,如图 1-8 所示。在饱水带中,岩土的所有空隙均被水所充满。在饱水带上界面与地表之间的岩土层中,大多数情况下都存在着一个包气带,包气带与饱水带的界限、厚度不是固定不变的,而是随着地下水的运动而改变。一般情况下，包气带的岩土空隙，除一部分被水所占据外，还有部分空隙被空气占据，所以为水的不饱和带。其贮存的水主要有毛细水、结合水和气态水。毛细水、结合水和气态水在重力作用下不能运动。因此，采用取水构筑物无法取用这部分地下水，但它却能被植物吸收。由于大气降水和地表水下渗或是地下水蒸发排泄，都必须通过包气带，所以包气带的厚度、饱水程度、渗透性能对大气降水和地表水的入渗、补给以及地下水的蒸发、排泄是非常重要的。

饱水带中的水主要是重力水，它在重力作用下能自由运动。重力水具有自由水面，在重力作用下从高水位向低水位流动。取水构筑物取用的水或从泉中流出的水都是重力水。重力水是水文地质学和取水工程研究的主要对象。通常所说的地下水，实际上指的就是上述岩土层中可以取用的重力水。

（二）岩土的空隙

地下水形成及贮存的最重要和基本条件是：岩土层必须具有相互连通的空隙，地下水可以在这些空隙中自由运动。无论是松散的土层还是坚硬岩石，都具有大小不一、或多或少、形状各异的空隙，它们是地下水贮存和运动的场所。通常把岩土空隙的大小、多少、形状、连通程度以及分布状况等性质统称为岩土的空隙性。根据岩土空隙的成因，将空隙分为孔隙、裂隙和溶隙三大类，如图 1-9 所示。

1. 孔隙

松散沉积物颗粒之间的空隙称作孔隙，如图 1-9（a）、（b）所示。

衡量孔隙多少的定量指标称为孔隙率（度），可用下式表示：

$$n_k = \frac{V_k}{V} \cdot 100\% \qquad (1-7)$$

式中　n_k——岩石孔隙率，%；
　　　V_k——岩石孔隙体积，m^3；
　　　V——岩石总体积，m^3。

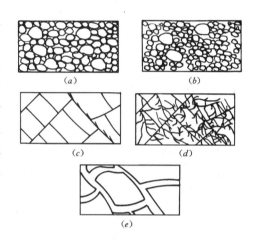

图 1-9　岩土的空隙
(a) 分选较好的砂质岩层中的孔隙；
(b) 分选不良的砂质岩层中的孔隙；
(c) 坚硬岩层中的构造裂隙；
(d) 坚硬岩层中的风化及构造裂隙；
(e) 可溶性岩层中的溶隙

孔隙率用百分数表示。孔隙率的大小取决于颗粒的排列形式、分选程度、颗粒形状、压密程度以及胶结状况等。某些典型松散沉积物的孔隙率近似值如表 1-4 所列。

某地区几种松散沉积物的孔隙率　　表 1-4

岩土名称	砾 石	粗 砂	细 砂	亚粘土	粘 土	泥 炭
孔隙率（%）	27	40	42	47	50	80

2. 裂隙

坚硬岩石受地壳运动及其他内外地质应力作用产生的空隙，称为裂隙，如图 1-9（c）、（d）所示。

衡量裂隙多少的定量指标称裂隙率，以百分数表示，计算公式如下：

$$n_l = \frac{V_l}{V} \cdot 100\% \tag{1-8}$$

式中　n_l——岩石裂隙率，%；

　　　V_l——岩石裂隙体积，m³；

　　　V——岩石总体积，m³。

3. 溶隙

可溶性岩石（如石灰岩、白云岩、石膏等）中的裂隙经水流长期溶蚀扩展而形成的空隙，小的称作溶隙，如图1-9（e），大的称为溶洞。岩溶的发育程度受到岩性、地质构造、地貌、地下水的性质及流动条件的控制。衡量可溶性岩石溶隙发育程度的指标称岩溶率，用百分数表示，用下式计算：

$$n_r = \frac{V_r}{V} \cdot 100\% \tag{1-9}$$

式中　n_r——岩石岩溶率，%；

　　　V_r——岩石孔隙体积，m³；

　　　V——可溶岩石总体积，m³。

溶隙与裂隙相比较，在形状、大小、分布、不均匀程度等方面变化更大。岩溶率的变化范围很大，由小于百分之一到百分之几十。

地下水的运动不仅与岩土中孔隙率、裂隙率和岩溶率有关，而且还与空隙的大小、连通性和分布规律有关。空隙大、连通性好，岩土透水性就好。

（三）岩土的水理性质

岩土的水理性质是岩土与水接触时，控制水分贮存和运动的性质。它与岩土的空隙性质，即空隙大小、多少和连通性密切相关。它决定了岩土中水的贮存与运动的规律。岩土的水理性质通常包括容水性、持水性、给水性和透水性。

1. 容水性

岩土的容水性是指岩土空隙能容纳一定水量的性能，在数量上用容水度表示，在数值上等于岩石的孔隙率、裂隙率、岩溶率。岩土的容水度用下式表示：

$$C = \frac{W_m}{V} \tag{1-10a}$$

或

$$C = \frac{W_m}{V} \cdot 100\% \tag{1-10b}$$

式中　C——容水度，$C<1$，%；

　　　W_m——岩石孔隙中能容纳的水量体积，m³；

　　　V——岩石总体积，m³。

显然，岩土的容水度与其空隙多少有关，一般情况下，容水度在数值上等于空隙度。但有时因岩土中有些空隙互不连通，或空隙中存在被水封闭的气泡，容水度比空隙度小。

2. 持水性

岩土的持水性是指岩土在重力作用下，依靠分子引力和毛细管作用仍能保持一定水量的性能。衡量持水性的指标称持水度，以小数或百分数表示，即：

$$S_r = \frac{W_r}{V} \tag{1-11a}$$

或

$$S_r = \frac{W_r}{V} \cdot 100\% \tag{1-11b}$$

式中 S_r——持水度，$S_r<1$，%；
W_r——保持于岩土中重力水的体积，m³；
V——岩土总体积，m³。

岩土持水性的强弱主要取决于岩土颗粒表面对水分子的吸引力。一般情况下，岩土颗粒越小，表面吸附作用越强，持水度就越大。

3. 给水性

岩土的给水性是指饱水岩土在重力作用下，能自由排出一定水量的性能。衡量给水性的定量指标称给水度。给水度为饱水岩土在重力作用下能释放的水的体积与岩土总体积之比，通常以小数表示，计算公式如下：

$$\mu = \frac{W_\omega}{V} \tag{1-12}$$

式中 μ——给水度；
W_ω——饱水岩土中重力水的体积，m³；
V——岩土总体积，m³。

岩土的给水度在数值上等于容水度减去持水度。粗颗粒松散土层及含有张开裂隙与溶隙的岩石，持水度很小，给水度接近于容水度。粘土以及含有微裂隙的岩石，持水性强，持水度接近于容水度，给水度很小或等于零。各种松散土层的给水度经验值见表1-5。

各种松散岩土层给水度经验值　　　　　　　　　　　表 1-5

岩 性	给水度	岩 性	给水度
粘 土	0.01～0.02	细 砂	0.12～0.16
亚粘土	0.02～0.04	中 砂	0.18～0.22
亚砂土	0.05～0.07	粗 砂	0.22～0.26
粉 砂	0.07～0.11	砾 石	0.30～0.35

4. 透水性

岩土的透水性是指岩土让水通过的能力。它主要取决于岩土空隙的大小、连通程度。评价岩土透水性的指标是渗透系数 K。渗透系数是当水力坡度等于1时的渗流速度，因此它具有速度的单位，一般用 m/d 表示。渗透系数越大，岩土的透水性越强。表1-6列出了岩土层渗透系数经验值。

岩土层渗透系数经验值　　　　　　　　　　　表 1-6

岩 性	渗透系数 K (m/d)	岩 性	渗透系数 K (m/d)
粉 砂	1～5	极粗砂	50～100
细 砂	5～10	砾石夹砂	75～150
中 砂	10～25	带粗砂砾石	100～200
粗 砂	25～50	漂砾石	200～500

渗透系数是井渠出水量计算和地下水资源评价最重要的水文地质参数之一。

以上阐述的岩土各水理性质之间有着极为密切的关系。例如，松散的沉积物，一般地说，颗粒直径越大，孔隙也越大，其给水性越好，透水性也越强，但持水性就较弱；反之，颗粒直径越小，孔隙也越小，其持水性就越好，而给水性及透水性就越弱。给水度的大小在很大程度上可反映出透水性的好坏，即岩土的透水性好，其给水性也较好。

（四）含水层

1. 含水层的概念

所谓含水层就是空隙充满水，且能给出并透过相当数量水的岩土层。实际上，几乎没有一种岩层是绝对不含水的，但并不是所有的岩层都能构成含水层，通常只是把那些富集有重力水的保水带称为含水层。由于含水层多数呈层状分布，所以长期以来习惯称之为含水层。所谓隔水层是指具有一定的阻滞或隔阻重力水通过的岩层（如粘土层、压粘土层），又称不透水层。

构成含水层必须具备以下条件：

（1）要有地下水贮存和运动的空隙。

（2）要有聚集和贮存地下水的地质构造。所谓贮水地质构造，概括起来不外乎是，在良好的含水层下面必须有隔水的岩土层存在，在水平方向上有隔水边界。这样，才能使运动于空隙中的重力水贮存起来，并充满空隙而形成含水层。当含水层在水平方向上延伸很广时，因地下水流动非常缓慢，即使没有侧向隔水边界，同样可以构成含水层。

（3）具有充足的地下水补给来源。

2. 含水段、含水带、含水组、含水岩系

在工程实际中，含水层、隔水层这种简单的划分不能满足生产上的需要，为此提出了含水段、含水带、含水组、含水岩系的概念。

（1）含水段

按含水程度在剖面上把厚度较大的岩层划分为若干个段落，如在含水极不均匀的地层中，特别是裂隙、岩溶发育的岩层，含水地段厚度较大，而且没有很好的隔水层，从上到下都有水力联系，很难划分出统一的含水层和隔水层，则可根据富水程度划分出一个或多个含水段。

（2）含水带

含水带是指局部的、成条带状分布的含水地段。对于穿越不同成因、岩性、时代的饱水的断裂破碎带、风化带以及在松散沉积层分布区中的古河道带等呈带状分布的含水的地带，则可划分成含水带。

（3）含水组

将若干个沉积环境和水文地质特征相同，具有密切水力联系，或有统一的地下水位，地下水化学成分亦相近的含水层，可划归为一个含水组。这样，有利于水文地质计算和取水工程的施工。

（4）含水岩系

当进行大范围的区域性的地层含水性能研究时，往往将几个水文地质条件相近的含水组，划为一个含水岩系。含水岩系的划分在编制水文地质图和地下水资源评价中，有重要意义。

二、地下水类型及其特征

自然界的地下水因其成因、贮存空间、埋藏条件、运动状态、水力特征、化学成分等的不同,而具有各自不同的特点。因此,采用的勘探手段、地下水取水构筑物的形式、地下水资源计算评价方法,也各不相同。可见,对地下水的分类及其特征的研究是供水水文地质学和取水工程的重要课题。

(一)上层滞水

上层滞水是存在于包气带中局部隔水层或弱透水层上具有自由水面的重力水,如图1-10 所示。

上层滞水距地表近,补给区和分布区一致。接受当地大气降水或地表水的补给,以蒸发的形式排泄。上层滞水一般含盐量低,但易受污染。上层滞水分布范围有限、厚度小、水量小、具有明显的季节性,只能作为小型或暂时性的供水水源。

(二)潜水

潜水是埋藏在地表以下第一个稳定的隔水层之上具有自由水面的重力水,一般埋深不大,是地下水的主要开采资源,如图1-10 所示。

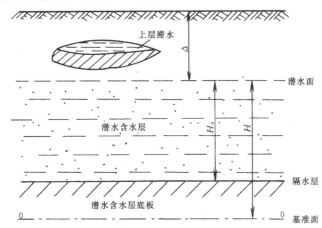

图 1-10 上层滞水和潜水
Δ—潜水埋藏深度;H_0—潜水含水层厚度;H—潜水位

潜水主要分布于第四系松散沉积层中,如冲积地层、洪积地层等。在出露地表的裂隙岩层和岩溶岩层中的上部也可能存在潜水。

潜水的自由水面称潜水面,潜水面的高程称为潜水位。地表至潜水面的垂直距离称为潜水的埋藏深度,简称埋深。潜水层以下的隔水层称为隔水底板。潜水面至隔水层的垂直距离称潜水含水层的厚度。从潜水面到基准面的垂直距离称为潜水位。潜水埋藏一般较浅,具有如下特征:

1. 潜水与大气直接相通,具有自由水面,无承压性,为无压水。当潜水面倾斜时,潜水将由高水位向低水位流动,称潜水流。潜水面任意两点的水位差与该两点的水平距离之比,称为潜水的水力坡度。一般潜水的水力坡度很小,常为千分之几至万分之几。

2. 潜水的分布区与补给区基本一致,直接接受大气降水和地表水的补给。同时,潜水通过包气带向大气层蒸发排泄,排泄区与分布区基本一致。以上现象称潜水的垂直补给与排泄。当潜水由高水位向低水位流动时,潜水接受上游的侧向补给,同时向下游侧向排泄,此即潜水的水平补给与排泄。一般情况下,潜水以垂直补给与排泄为主。

3. 潜水的水量、水位随时间的变化,受气候影响大,具有明显的季节性变化的特征。当潜水面升高或降低时,潜水含水层的厚度相应地增大或减小。

4. 潜水较易受污染。潜水水质变化较大,在气候湿润、补给量丰富及地下水流通畅地区,往往形成地下水矿化度低的淡水;在干旱气候与地形低洼地带或补给量贫乏及地下水径流缓慢地区,往往形成矿化度很高的咸水。在我国北方气候较干旱的平原地区,咸水区与淡水区在水平方向上相间分布,甚至呈现岛状分布。

潜水分布范围大埋藏较浅,易被人工开采。当潜水补给来源充足,特别是河谷地带和山间盆地中的潜水,水量比较丰富,可成为工农业生产和生活用水的良好水源。

(三) 承压水

承压水是充满两个稳定隔水层之间含水层中的重力水。承压水有上下两个稳定的隔水层,两隔水层之间的含水层称为承压含水层。含水层与上下隔水层的分界面为承压含水层的顶板和底板。顶、底板之间的垂直距离为承压含水层的厚度,通常用符号 M 表示,如图 1-11 所示。

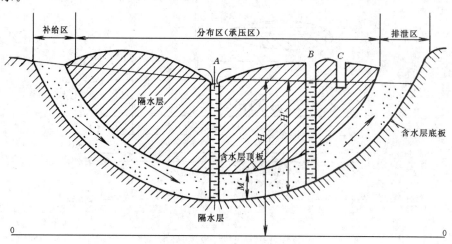

图 1-11 承压水

M—承压含水层厚度;H'—承压含水层水位;H—承压含水层水头;

打井时,在隔水顶板被凿穿之前见不到承压水,只有打穿隔水顶板,才能见到承压水,此时在井中出现的水位称为承压水的初见水位,亦即隔水层顶板底面高程。如果继续钻进,承压水沿钻孔上升最后稳定的高程即为该点的承压水位或测压管水头。地面至承压水位的距离称为承压水的埋深。承压水位至隔水顶板地面之间的垂直距离称为承压水头。当承压水位高于地面时,则承压水可喷出地表,形成泉水。承压含水层各点的承压水位连成的面称为承压水面。可据此绘制地下水等水压线图。承压水具有如下的特征:

1. 无自由水面。由于补给区水位较高,使承压含水层顶板在整个分布区承受一定的静水压力,以致含水层被水充满。不管承压水位如何变化,只要不低于含水层顶板,承压含水层厚度保持不变。

2. 承压含水层的分布区与补给区不一致,一般只通过补给区接受补给。由于隔水顶、底板的存在,承压水的补给与排泄基本呈水平运动,故以水平补给与排泄为主。

3. 承压水的水位、水量、水温、水质等比较稳定,受气象水文因素的影响较小。

4. 承压水不易受污染,但一经污染,很难恢复。因此,必须十分注意保护承压水不受污染。承压水的水质与其埋藏条件、补给来源及径流条件有关。由于地下水运动极其缓慢,相比潜水而言不易得到补充和恢复,所以其水质主要取决于含水层中岩土层物理化学性质。一般情况下,承压水是矿化度较低的淡水。

承压水非常稳定,分布范围广大,含水层厚度一般较大,又具有良好的多年调节性能,是稳定可靠的供水水源,是城市供水主要的水源地。

三、地下水循环

地下水循环是指地下水的补给、径流和排泄过程。地下水是自然界水循环的组成部分,不论是全球的大循环还是陆地的小循环,地下水的补给、径流、排泄都是其中的一部分。大气降水或地表水渗入地下补给地下水,地下水在地下形成径流,又通过潜水蒸发、流入地表水体及泉水涌出等形式排泄。这种补给、径流、排泄无限往复地进行就形成了地下水的循环。

地下水补给—径流—排泄的方向主要有两种,一是大气降水、地表水渗入地下,形成地下水,地下水又通过包气带蒸发向大气排泄,此即垂直方向循环,如潜水的补给与排泄;二是含水层上游得到补给形成地下水在含水层中长时间长距离地径流,而在下游的排泄区排出地表,此即水平方向循环,如承压水的补给与排泄。实际上,在陆地的大多数情况下,二者兼有之,只不过不同地区以某种方向的运动为主而已。

地下水的天然补给量有:大气降水的入渗、地表水体(江河、湖泊、池塘)的入渗、地下水上游的侧向流入;人工补给地下水有:农田灌溉水的入渗、人工回灌地下水等。天然的地下水排泄方式有:地下水潜水蒸发、泉水排出、地下水流向河渠、地下水向下游径流流出等;人工排泄方式主要是打井挖渠开采地下水。地下水的循环直接影响着地下水的贮存和径流以及地下水的资源量。

人工开采水量是地下水排泄的最主要因素之一。当过量开采地下水,使地下水排泄量远大于补给量时,地下水均衡就遭到破坏,造成地下水位长期下降。只有合理开发地下水,当开采量等于地下水总补给量与总排泄量差值时,才能保证地下水的动态平衡,使地下水处于良性循环状态。但从多年来看,地下水循环具有较强的调节能力,存在着年际间的排—补—排—补的周期性变化,只要不是超量开采地下水,在枯水年可以允许地下水有较大幅度的下降,待到丰水年地下水可得到补充,恢复到原来的平衡状态。这就体现出了地下水资源的可恢复性。

地下水的循环可以促使地下水与地表水的相互转化。在天然状态下,在枯水季节,河流水位低于地下水位,河道成为地下水排泄通道,地下水转化成地表水;在洪水期间,河水位高于地下水位,河道中的地表水渗入地下补给地下水。在大的区域内,河流上游是地下水补给河水,而下游又是河水补给地下水。平原区浅层地下水,通过蒸发进入大气,又以降水的形式形成地表水,并渗入地下形成地下水。在人类活动的影响下,这种转化往往会更加频繁和深入。

四、地下水运动基本规律

岩土的空隙一般情况下是非常细小的,空隙的形状、连通性极其复杂,使地下水流动的通道曲曲折折。因此，地下水在岩土空隙中的流动完全不同于地表水在河渠、管道中的流动，地下水的这种流动状态称作渗流，如图 1-12 所示。

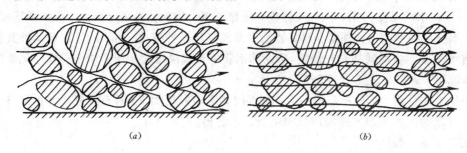

图 1-12 地下水在岩土层孔隙中的流动
(a) 地下水渗流实际流线；(b) 地下水渗流的虚构流线

因此，研究地下水各个质点的运动规律非常困难，几乎不可能，也没有必要。在工程中，研究地下水的运动只是研究岩土层内地下水的宏观运动情况，假设用连续充满整个含水层，包括固体颗粒和空隙占据的整个空间的假想地下水流，代替仅在岩层空隙中运动的真实水流，建立渗流模型。渗流模型应满足下列要求：

(1) 通过任意断面的假想渗流的流量等于通过此断面真实地下水流的流量；
(2) 假想渗流在任意断面的水头等于真实地下水流在同一断面的水头；
(3) 假想渗流通过岩土层所受到的阻力等于真实地下水流受到的阻力。

1856 年，法国水力学家达西 (Darcy) 对地下水在砂层中的渗流进行实验，得到下列关系式：

$$Q = K\omega \frac{\Delta h}{L} = K\omega J \tag{1-13}$$

式中　Q——渗流量，即单位时间内渗过砂体的地下水量，m^3/d；
　　　K——渗透系数，反映岩土层透水性能的参数，m/d；
　　　L——渗流途径长度，m；
　　　Δh——在渗透途径 L 长度上的渗透压力差，即水头损失，mH_2O；
　　　J——水力坡度，单位渗流途径上的水头损失，mH_2O/m；
　　　ω——渗流的过水断面面积，m^2。

上式用渗流速度表示又可以写成：

$$V = \frac{Q}{\omega} = KJ \tag{1-14}$$

式中　V——渗流流速，单位时间内渗流的流动距离，m/d；
　　　其他符号同前。

式 (1-13) 与式 (1-14) 就是达西定律，又称渗透基本定律，它表明渗流量或渗流速度与水力坡度的一次方成正比，所以又称线性渗透定律。

因空隙度 n 永远小于 1，所以地下水的渗流速度永远小于地下水的实际流速。由于地下水渗流速度通常都很缓慢，在自然界地下水实际流速一般仅为每日几个厘米至几十个厘米，因此在大多数情况下，包括运动在各种砂层、砾石层、甚至卵石中的地下水，都符合达西定律。只有在巨大的孔隙、裂隙和溶洞中，地下水的流动才偏离达西定律，呈现紊流状态，渗流速度与水力坡度不再是一次方的关系，而变成非线性关系。由于事先确定地下水流态的属性在工程中是很困难的，所以，在实际工程中广泛采用达西定律。因此，达西定律是地下水水力计算和水资源评价的最重要的基础公式。在地下水水力计算中，渗流场内各点的地下水运动要素（渗流量、渗流速度、地下水位等）不随时间而变化，只是空间位置的函数，为稳定流，用通式表达为：

$$Q = f(x,y,z) \tag{1-15}$$

当地下水各运动要素不仅是空间位置的函数，而且随时间在变化，称为非稳定流，用通式表达为：

$$Q = f(x,y,z,t) \tag{1-16}$$

地下水非稳定流计算是十分复杂的。严格地讲，自然界中的地下水都属于非稳定流，但当地下水的运动要素在某一时间段内变化不大，或地下水的补给、排泄条件随时间变化不大时，为便于研究和计算，可以近似地看作稳定流。

五、不同地貌地区地下水分布特征

地貌是指地球表面受内、外地质应力作用而产生的地形形态。不同地貌类型其自然条件、地层岩性、水文地质特征各不相同，形成的含水层类型、富水性、地下水的补给排泄条件、水质等也不相同。现将几种主要地貌区的地下水特征介绍如下。

（一）山前倾斜平原区的地下水

山区河流中，洪水携带着大量不同粒径、不同滚圆度的物质，流出山口后，由于地形坡度减缓，流速降低，并由集中水流转为分散水流，其所携带的物质大量沉积下来，形成由上游向下游倾斜的扇状或裙状的冲洪积扇，其宽度达数千米至数十千米，纵向延伸可达数十千米至一二百千米。多个冲洪积扇互相连在一起组成冲洪积裙，从而形成了围绕山麓的山前倾斜平原。沉积物为冲洪积松散沉积物，并从山脚向平原其沉积物颗粒由粗至细分布，按水文地质特征可划分为三个带，如图1-13所示。

1. 深埋带

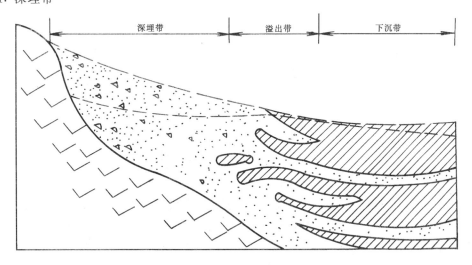

图 1-13 洪积扇中地下水分带示意图

此带位于冲洪积扇顶部，地形坡度较大，含水层由较粗的卵石、砾石或砂砾石组成，透水性良好，含水层厚度大，地下水类型为潜水。该带可得到山区地下水的补给，亦可获得大气降水和地表水的渗入补给，地下水量丰富，可成为稳定可靠的地下水水源地。此带地下水径流条件好，更新快，蒸发作用微弱，水的矿化度低，一般低于 0.5g/L，水质良好，水化学类型为重碳酸－钙型水。这一带地下水埋藏一般较深，可达十几米，甚至几十米。

2. 溢出带

又称浅埋带。沉积物粒度变小，以中、细、粉砂为主，垂直方向出现有粘性土层夹层，由于受下游粘性土层的阻挡，地下水产生壅水现象，地下水位上升，加之地形坡度变缓，故地下水埋藏深度变浅以至溢出地表。在这一带常会产生不同程度的沼泽化和盐渍化。如在这里有计划地开发利用地下水，可以有效地控制地下水位。由于潜水的蒸发，地下水矿化度增高，一般为 1～2g/L。水化学类型为重碳酸型水或硫酸重碳酸型水。从纵剖面上看，在浅埋带的下部常常埋藏着水量较大、水质较好的承压水，也可能成为较好的地下水水源地。

3. 下沉带

在冲洪积扇的下游平原地区，沉积物颗粒细，以亚砂土、亚粘土为主，甚至出现粘土或淤泥。此带与上、中游的砂砾层形成犬牙交错的接合。地下水径流条件差。潜水蒸发极为强烈，潜水面埋藏有所加深，水分运动主要在垂直方向上，所以又称垂直交替带。含水层渗透性差，地下水矿化度增高，有的地区超过 3g/L，成为咸水区。

（二）河谷地区的地下水

河流在径流过程中，既有冲刷也有沉积。河流上游纵坡大，水流速度大，以冲刷为主，其沉积物粒粗大，以卵石、砾石和粗砂为主，透水性好，水质良好，但含水层厚度不大，分布范围小，地下水多为潜水，水位随季节变化大，很难成为具有一定规模的地下水水源地。在河流中游，河谷逐渐开阔，冲刷和沉积都较强烈，一般发育成典型的河谷，如图 1-14 所示。

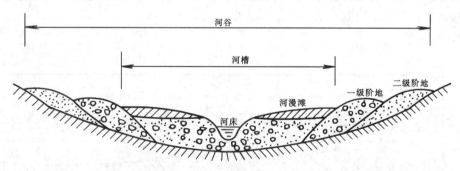

图 1-14　河谷地貌横断面示意图

长年有水，即枯水季节也有水的部位称为河床。枯水季节露出地表，而洪水季节被水淹没的部位称为河漫滩。由于受地壳运动，原河床、河漫滩上升，在洪水季节也不被淹没，就形成了阶地。阶地可有多级，由河床向上按顺序称为一级、二级、三级阶地……。河漫滩和阶地顺河呈条带状分布，微向河床倾斜，为松散沉积物，地下水为孔隙水。

河漫滩和阶地一般沉积物颗粒粗，透水性良好，有河流补给，亦可接受大气降水补给，地下水丰富；但含水层厚度不大，一般为几米至十几米，不适合打井，而适合采用渗渠开采地下水,通常可成为中、小型地下水水源地。一般情况下,阶地越高沉积越薄,富水性越差。河床以下的沉积物较粗大,渗透条件良好,长年可得到河水的补给,水量大,可成为良好的地下水水源。河谷地带地下水水质介于一般地下水和河水之间,通常矿化度低,但浊度较高。

（三）冲积平原中的地下水

在大河下游,以沉积为主。由于河流的侧向侵蚀、沉积,河流的裁弯取直,以及河流泛滥和改道,往往形成广大的冲积平原。又因地壳长期处于下降状态,致使松散沉积物厚度巨大,例如,华北平原的第四系松散沉积层平均厚度为400m,最厚者可达1300m。但在我国南方地区松散沉积物厚度相对要小得多,一般只有20～60m,很少超过300m。

1. 冲积平原的地下水

在冲积平原较厚的松散沉积物中,由几十个甚至上百个沉积地层组成,不透水的粘性土层与透水的砂性土层相间分布,在垂直方向上可以分成几个含水组,它们对地下水的开采利用有着实际的意义。

在冲积平原的上部一般为潜水含水层,它的特征如前所述。在水平方向上岩性变化大,富水性也不相同。由于潜水的蒸发,某些地带地下水积盐严重,形成咸水区。在广大平原上,咸、淡水区相间分布,要找到浅层淡水须进行水文地质勘测。浅层淡水含水层主要以粉、细砂层为主,可接受大气降水和地表水的补给,水分交替强烈而频繁,地下水具有可恢复性。其厚度不大,一般在20～50m,可作为中、小型水源,但稳定性较差。

冲积平原中,由于地质演变而埋藏在地下的古河道,其含水层颗粒较粗,径流条件好,常贮存有水量丰富、水质良好且易开采的浅层淡水。在条件适宜时,这种古河道带可作为修建地下水库的场所。

在潜水含水层以下深部的含水层,都是承压含水层。承压含水层性能稳定,厚度大,分布范围广,含水层颗粒较粗,通常以中、细砂层为主,贮水量大,成为冲积平原地区稳定可靠的地下水水源。

2. 湖泊沉积地区的地下水

冲积平原中的古湖泊和经沉淀沉积的松散沉积层,一般颗粒较细,常见为粉砂、亚砂土、亚粘土、粘土及淤泥,富水性很差,水质不好。至湖中心地带,沉积层较厚,富水性更差。湖底沉积自中心向边缘逐渐变薄。在河流入湖泊的河口处,可能沉积粗的细砂、粉砂层,水量相对较大,水质较好,但规模不大。在湖泊沉积物较深部的含水层,也具有承压性质,但由于沉积中心地区粘土层很厚,一般含水砂层厚度不大,富水性也弱。但是,在湖积地层以下,常有更早期的冲积形成的承压含水层,一般为淡水,水量也较丰富,可供开采利用。

3. 滨海平原的地下水

滨海平原地形特别平缓,坡降可小到万分之一。沉积物属于陆相和海相交错沉积地带,沉积物颗粒较细,含水层岩性以细砂、粉砂为主,富水性当比冲积平原差。地下水径流滞缓、盐分积聚,加之海水的影响,地下水矿化度高,水质为氯化物—钠型水,咸水分布广,深度大,所以,滨海平原地区的供水应注意寻找和开发深部承压水。

在滨海地带的砂丘、砂带或砂岛上,砂层透水性好,大气降水大部分可渗入地下,形成局部淡水透镜体。由于咸、淡水的混合、扩散在砂土中进行相当缓慢,所以比重小的淡水居于比重大的咸水之上，咸水与淡水之间有一定的界面，但无隔水层，如图1-15所示。

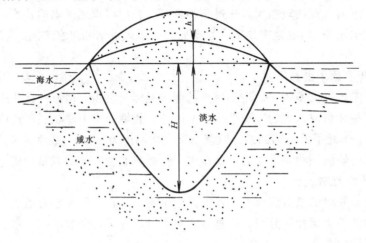

图1-15 滨海砂岛中的淡水透镜体

（四）黄土地区的地下水

我国的黄土地区主要分布在陕西、宁夏、甘肃省交界处的黄土高原地区，其他地区有小面积和零星的分布。黄土是一种特殊的沉积物，主要因风化而成，也有因水流作用，如洪积、冲积、湖积等而成的。黄土层分布连续，厚度大，以粉土颗粒为主，垂直裂隙发育，且有根管和虫穴等，垂直方向上的渗透能力比水平方向强得多，是一种非均质、各向异性的含裂隙、孔隙水的含水地层。黄土中的地下水主要接受大气降水和地表水的补给。黄土中的潜水流向常与地形有关，一般从分布区的中央向两旁河谷或深沟中排泄。

由于黄土垂直方向上易受冲刷，沟谷深切，千沟万壑，地形破碎，导致地下水分布差异大。黄土结构疏松，一般无连续隔水层，潜水只能保存在其下伏基岩界面之上，地下水埋深较大，一般在20～40m以下，最深可达一二百米。加之黄土地区干旱少雨，地下比较缺水，取水供水比较困难。

黄土含水层的厚度取决于下伏基岩的构造，下伏基岩隆起的地方，含水层薄，潜水贮存量小；而下伏基岩凹的地方，含水层厚度大，潜水贮存量较大。在黄土中常常夹有钙质结核层，如果分布面积较广，可形成相对的隔水层，因而可形成一定富水程度的上层滞水。而在隔水层之下，可形成局部承压水。

在面积较大的黄土塬（又称黄土平台）地区，其中孔隙、孔洞发育，如果降水渗入补给地下水条件好，则会形成比较丰富的潜水，可成为一定规模的供水水源。

（五）丘陵、山区基岩裂隙发育地区的地下水

贮存于坚硬岩石裂隙中的地下水便是裂隙水。所以裂隙水受到基岩裂隙的发育程度、空隙的大小、连通性和充填物的控制。因一般情况下裂隙发育和分布错综复杂，空间分布极不均匀，所以裂隙水同样分布极不均匀，且变化大，与地质构造、岩性、地貌等条件存在着密切的关系。

1. 风化裂隙发育地区的地下水

风化裂隙水贮存于基岩风化裂隙中，风化裂隙是坚硬岩石在外界地质应力作用下形成的裂隙，所以风化裂隙的数量和大小均随深度的增加而减小，直至消失。通常风化带从地

表向地下依次分成全风化带、强风化带、弱风化带和微风化带。风化裂隙水大多为潜水，其下部界限为未风化的新鲜不透水岩石作为隔水边界。风化裂隙水的厚度变化很大。风化裂隙水多呈层状分布，水力联系条件较好，一般具有统一的地下水面。风化裂隙水分布广泛，埋藏浅，易开采。但风化壳厚度有限，分布不连续，因此风化裂隙水的水量也是有限的，有一些可作小型分散的供水水源。

风化裂隙水的富水性受到岩性、地下水补给源和地形起伏的控制。显然，即使风化裂隙再发育，没有地下水补给来源，也不能形成风化裂隙水。脆性粒状或结晶的岩石，如石英砂岩、花岗岩等，风化裂隙发育且开启性好，有利于地下水的贮存。泥质岩石虽易风化但开启性差且有泥质充填，风化裂隙水往往很少，或起隔水作用。风化裂隙水的水质一般较好，大多为低矿化度的重碳酸—钙型水。在为后期沉积物覆盖的古风化壳中，可发育成风化裂隙承压水，其水量、水质受径流条件和岩性的影响，变化很大。

2. 成岩裂隙发育地区的地下水

在岩石生成过程中形成的裂隙称为成岩裂隙，贮存其中的地下水即为成岩裂隙水。一般岩石的原生裂隙不甚发育，在不同的部位、不同方向上，因裂隙的密度、开启程度及连通性等的不同，其透水性和出水量也有较大差别。

喷出岩通常呈层状分布，其中成岩裂隙发育比较均匀，开启性也好，贮存其中的成岩裂隙亦呈层状分布，具有良好的水力联系和统一的地下水面，往往能形成水量较丰富的的含水层。侵入岩体与其围岩的接触带，成岩裂隙比较发育。特别是围岩为脆性岩层，且补给来源充足时，就能形成水量较丰富的富水地段。岩浆沿地层裂缝上升冷凝后形成岩脉，在岩脉形成过程中岩脉本身及其围岩接触带中可产生比较发育的裂隙，其中贮存地下水后，可成为局部小型的水源。当成岩裂隙水含水层为其它隔水岩层覆盖时，便构成裂隙承压含水层。

3. 褶皱构造地区的地下水

在地质内力作用下，岩层产生弯曲，称褶皱构造。背斜构造的轴部因受到强烈的张力，造成张力裂隙发育，开口大，易遭受流水的侵蚀，如图1-16(a)所示。背斜轴部张性裂隙贮存地下水后，可形成富水带。倾伏背斜的倾没端，张性裂隙发育，有良好的富水条件，如果地形低洼，就可形成富水带。

向斜构造的核部因受到强烈的挤压力，岩层抗风化和水流的侵蚀作用很强，在地形形态上往往形成高山。但在其轴部也受到一定的张力，也可产生发育程度不同的张性裂隙，亦可贮存一定量的地下水。向斜轴部的张裂隙一般随深度而减弱。如向斜构造盆地存在良好的含水层时，因出露部分可以得到大气降水或地表水的补给，可形成良好的承压含水层或自流盆地，如图1-16(b)所示。

4. 断裂构造地区的地下水

岩层在强烈的地壳运动作用下产生破裂称断裂构造，断裂两侧的岩体未产生位移的为裂隙，岩体产生位移者称断层。裂隙分布广，在一定条件下可形成较大规模的富水地带，在取水工程中具有重要意义。裂隙因受力不同又分成张性裂隙和压性裂隙。张性裂隙一般分布范围较大，开口大，连通性好，致使裂隙中的水相互有一定的水力联系，因而通常具有统一的水面，常形成层状裂隙水。在岩层出露的浅部可形成潜水，在地下深处埋藏在隔水岩层之间，便可形成承压水。张性裂隙一般延伸深度不是很大，并且随深度增加开口越来越小。压性裂隙分布范围广，延伸深度大，但裂隙紧密，开启性差，有的被泥质物质或再

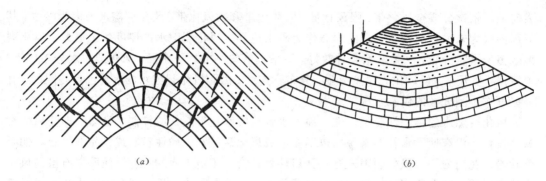

图 1-16 褶皱构造富水示意图
(a) 背斜轴部张力裂隙富水带；(b) 向斜构造富水带

生方解石充填，往往裂隙水不多，甚至起到隔水作用。

断层通常伴生着断层破碎带，并且常常跨越不同时代、成因、岩性的地层，而两侧上下盘岩体可作为隔水边界，当有充足补给来源时，可形成良好的贮水构造。同样，张性断层破碎带疏松，裂隙发育，开启性良好，地下水富集；而压性断层破碎带一般紧密，物质细小，透水性差，甚至起隔水作用。扭性断层断裂带的富水性介于上述二者之间。断层破碎带又可以起到导水的作用。当断层带与强含水层或地表水相沟通时，能够提供远超过断层破碎带本身贮水能力的地下水，是理想的供水水源。

（六）岩溶地区的地下水

贮存于可溶性岩层的溶隙和溶蚀洞穴中的地下水称为岩溶水。岩溶的发育受可溶性岩石的岩性和地下水流动状况的控制，所以我国南方地区比北方地区要发育得多。可溶性岩石溶隙和溶洞的分布极不均匀，其不均匀程度比基岩裂隙更大，所以岩溶含水层无论在水平方向上还是垂直方向上变化都很大。有的地段可能无水，而有的地段则可能形成水量极为丰富的地下水，如地下暗河和地下湖。

岩溶水就其埋藏条件而言，可以是上层滞水，也可以是潜水，或者是承压水。岩溶地下水的补给主要来自降水，其降水补给量极大，我国南方的岩溶地区，降水入渗量可达降水量的 80%，北方岩溶地区，一般在 40%～50%。并且岩溶地下水埋藏也比较深。降雨后在很短时间内，降水就全部或大部分渗入地下，往往是雨过不见水，地表水十分缺乏。

岩溶地下水以集中径流和集中排泄为特征。往往很大范围内的岩溶水，通过地下河出口（如一个大泉或大的泉群）集中地进行排泄，有的流量高达每秒几十升至每秒数百立方米。我国许多有名的大泉，多数是这类岩溶泉。所以在岩溶地下水地区，查明地下水排泄口和排泄量更为重要。岩溶地区地下水资源量的计算和评价，就是借助其排泄量来进行的。岩溶地下水的动态变化剧烈，水位水量的变化幅度很大，降雨和排泄不长的时间后，水位变幅就可达数十米，地下水排泄流量可相差数十倍。岩溶水经常具有较低的矿化度，一般在 1g/L 以下，水质多为重碳酸—钙型水，是理想的生活饮用水水源。寻找岩溶水，在于找到岩溶水的富集条件。在岩溶地区，地下水的富水地段有：厚层纯灰岩分布区，褶皱轴部及倾没端，断层破碎带，可溶岩与非可溶岩接触带，地下水水面附近，岩溶水排泄区。

六、供水水文地质勘察

为寻找地下水源而开展的各项工作统称为供水水文地质勘察和水源勘察。勘察的目的和任务是：查明工作区的地下水类型及其特征、分布和埋藏条件、水质、富水地段及富水程度和开采条件，为国民经济有关部门的供水水源地的选择、规划、设计和地下水取水工程的建设提供所需要的水文地质资料。供水水文地质勘察工作是为地下水水源地的设计和地下水取水工程的施工服务的。一般分为初步勘察（初勘）和详细勘察（详勘）两个阶段。初步勘察阶段的工作，应在几个可能富水的地段查明水文地质条件，初步评价地下水资源，进行水源地方案比较；详细勘察阶段的工作，应在拟建水源地范围详细查明水文地质条件，进一步评价地下水资源，提出合理开采方案。因此，详细勘探阶段是供水水文地质勘察工作量最大、任务最繁重的阶段。

供水水文地质勘察包括：水文地质测绘，地球物理勘探（物探）、钻探，抽水试验，地下水动态观测，水文地质参数计算和地下水资源评价等。

（一）水文地质测绘

水文地质测绘是通过调查和野外实际观测，查明和了解工作区的地质、地质构造、地貌及其与地下水的关系、水文气象、地下水分布和运动的基本规律等，是供水水文地勘察各项工作的基础。

水文地质测绘是在比例尺大于或等于测绘比例尺的地形、地质图的基础上进行的。水文地质测绘的主要内容有：地质调查，即通过调查和观测掌握勘察区的地层、岩性、产状和接触关系；查明褶皱、断裂和岩溶的位置、类型、产状、规模、力学性质、发育程度及充填物情况等，进而了解其富水部位；地貌调查，即掌握地形、地貌的类型、形态、特征及与地下水的关系；第四纪沉积物的调查，即第四纪沉积物的分布规律、地层层序、岩性、古河道分布情况；查明含水层的分布与埋藏条件，以及与地下水的补给、径流、排泄的关系；水点调查，即了解工作区的降水量、季节变化情况，地表水体的分布范围、水位、水量、运动变化规律，以及地表水与地下水的水力联系；调查泉水的出露位置、标高、类型、流量及随季节变动的情况；查明现有井的位置、井深度、井径、井的结构、井内水位、井的出水量和取水层的位置、岩性与厚度；水质调查，即查明地下水的主要化学成分、矿化度和物理性质，确定地下水的化学类型以及污染状况。此外，还要进行地下水开采利用情况的调查。

在以上各项调查、观测的基础上，应写出调查报告，并且应将全部实测资料绘制和反映在水文地质图上。

（二）水文地质勘探

水文地质测绘仅限于地表的观测，而不能直接了解地层深部的水文地质条件，所以必须在测绘的基础上进行勘探工作。水文地质勘探手段主要有地球物理勘探（物探）和钻探。

1. 物探

物探是使用物探仪器测定地下岩土的物理参数，并以此推断地下岩土层的性质、构造、水文地质特性。物探方法很多，如磁法、重力法、电法、地震及放射性勘探等方法。在地下水勘察中，采用最多的是电法勘探（简称电法）。电法又以直流电法中的电阻率法、自然电位法应用最广。电法勘探又分为地面电法和电法测井（地下电法）。电法勘探在水文地质勘察中可以查明以下水文地质问题：

（1）含水层的分布及其深度、厚度和古河道的位置；

（2）区域性的贮水构造（如构造盆地、穹隆构造等）及风化带、裂隙带、岩溶发育带、

断层破碎带的分布、产状;

(3) 地下水的矿化度和咸、淡水区的分布范围;

(4) 钻孔的地层剖面和咸、淡水的分界面;

(5) 地下水水位、流向、渗流速度及其与地表水的水力联系。

地面电法勘探在寻找地下水方面得到广泛应用;电法勘探测井,简称电测井,在地下水取水工程中广泛采用。

水文物探仪器先进轻便,易于掌握操作,探测深度大,生产效率高,成本低,在生产实践中广泛应用。但物探方法是间接测量方法,干扰因素较多,解释结果具有多解性和地区局限性,以致影响其探测精度。因此,物探解释工作必须紧密结合当地的地质、水文地质情况,物探成果还应有一定量的钻探资料来校核。

2. 钻探

钻探是用钻机向地下钻孔,可从井孔内采取岩心,进行观测和试验,了解地下深部的地质、水文地质情况的一种勘探工作。通过钻探可以更直接而准确地了解地层岩性、层位,含水层的性质、埋藏深度、厚度、分布情况,地下水水位、地下水水质等情况。利用钻孔可以做物探测井和孔内电视摄像,查明地下地质现象、破碎带、裂隙和断层,以及测定地下水矿化度和咸、淡水分界面;利用钻孔进行抽水试验、注水试验,从而确定含水层的富水性和渗透系数、导水系数、给水度、释水系数、越流系数及影响半径等水文地质参数;利用钻孔采集水样,经化验分析确定地下水水质及化学类型;地下水动态的长期观测工作亦大都是通过钻孔进行的。钻探可以获得准确可靠的水文地质资料,是其他勘察手段不可能替代的,所以水文地质勘察必须按规范要求做一定量的钻探工作。但钻探工作成本高,施工时间长,所以必须是在满足水文地质勘探要求的条件下,做到使钻探工作量尽量少,并且应尽量做到探、采结合。

(三) 抽水试验

抽水试验是用水泵、空压机、量水桶等抽水设备及测量工具,从井内抽取一定的水量,同时观测井内的水位下降情况,进而研究出水量、水位、水文地质数和其他有关影响因素之间的关系的一种试验。通过抽水试验可以确定:

1. 测定钻井的实际出水量,为选择安装抽水设备提出依据,推算机井的最大出水量与单位出水量;

2. 确定含水层的水文地质参数,以便进行地下水资源评价和取水构筑物的设计;

3. 了解含水层之间的水力联系和地表水与地下水之间的水力联系;

4. 确定抽水影响范围及其扩展情况,确定合理的井距。

抽水试验的类型很多,有单井抽水、带观测孔的多井抽水、井群互阻抽水、分层抽水、稳定流抽水和非稳定流抽水以及开采抽水试验等。这要根据抽水试验的目的、任务和水文地质条件而定。抽水试验的最大出水量一般应达到或超过设计出水量,如设备条件所限,也不应小于设计出水量的75%。抽水试验时,水位下降次数一般为3次,至少为2次。其中最大下降值应尽量接近井的设计动水位。如做3次降深时,较小的两次水位降深值约分别为最大水位降深的1/3和2/3;如只做2次降深时,较小的一次降深值约为最大降深值的1/2。稳定流抽水时,每次水位降深和出水量稳定后,抽水稳定延续时间应根据含水层岩性确定,卵石、砾石和粗砂含水层为8h,其他岩层应按供水水文地质勘察规范确定。非稳定流抽水时，应为定流量抽水，观测时间按有关规范确定。

抽水试验过程中，必须认真观测和记录有关数据，严禁伪造资料。还应在现场及时进行资料整理工作，如绘制出水量与水位降深关系曲线、水位、出水量与时间关系曲线以及水位恢复曲线等，以便发现问题及时处理。抽水试验完毕后，应及时详细整理资料，计算各种水文地质参数，对井的水质、水量、出水能力做出适当的评价。

（四）水文地质勘察报告的编写和水文地质图的绘制

在以上各项勘察工作的基础上最后要编写出水文地质勘察报告，它是水文地质勘察工作全部成果的集中表现，是综合性的技术文件。报告内容应齐全，阐述力求简明扼要、条理分明、论据充分、重点突出、结论明确，图文并茂。除了定性分析外，必须有定量的分析，并要尽可能采用图表表示各项调查资料和分析成果。同时要绘制下列水文地质基本图件：实际资料图，第四纪地质、地貌图，等水位线图，地下水埋深图，含水层分布图，含水砂层等厚图，富水程度图，地下水矿化度图，地下水化学类型图，地下水开采条件图以及综合水文地质图等。

思 考 题

1. 在现阶段，可被人类开发利用的淡水资源有哪些？
2. 自然界的水是如何循环的？自然界的水循环受哪些因素影响？
3. 区域水量平衡与哪些因素有关？
4. 河川径流的流量特征可用哪些径流特征值表示？
5. 影响河川径流的因素有哪些？
6. 什么是机率（概率）？什么是频率？它们之间有什么区别？
7. 什么是累积频率？什么是重现期？它们之间有什么关系？
8. 为什么要采用累积频率来统计水文参数？
9. 什么是设计频率标准？采用设计频率标准的意义是什么？
10. 什么是设计年径流量和设计洪、枯径流量？
11. 地表水水文观测有哪些内容？
12. 为什么河流水位流量曲线在涨落时有所不同？
13. 地下水的存在形式有哪些？其中哪种形式的水可被开采利用？
14. 什么是岩土的容水性和给水性？它们所表示的岩土含水性有何不同？
15. 地下水按其埋藏条件有哪几种类型？它们各自有何特点？
16. 在不同埋藏条件的各类地下水中，应如何选择地下水作为给水水源？
17. 达西公式是如何描述地下水运动基本规律的？
18. 什么是渗透系数 K？其大小与岩土的什么性质有关？
19. 哪些地形地貌地区可能埋藏有地下水？这些地下水各自有何特征？
20. 供水水文地质勘察包含哪些内容？
21. 在所了解的各种水体中，选择给水水源应考虑哪些因素？

第二章 水体水质特点及其污染控制

第一节 水体水质特点及其主要影响因素

一、水体

人类社会的生存与发展，离不开自然水体与人工水体。所谓自然水体，是指在自然界中自然形成的、主要受自然因素影响的各种水体，如海洋、江河、湖泊以及地下潜水、地下承压水等；所谓人工水体，是指由人工构筑和人为活动影响而形成的，主要受人为因素影响的水体，如水库、运河、大型渠道等。

按照目前人类社会生存与发展的水平，并不是所有的自然水体都适宜于作为人类生存与发展所需要的水源。这些水体中，江河、湖泊、水库、地下潜水、承压水等淡水水体都是常见的给水水源。而海水，尽管其水量极为丰富，但由于其含盐分较高，对于绝大多数用户来说，与其所要求的水质相差较大，满足水质要求所需的处理难度大、工程费用高，目前还难以广泛应用。所以，目前世界上绝大部分给水系统都以淡水水体作为给水水源。因此，自然水体水质特点研究的主要对象是地表水与地下水，其中主要包括江河、湖泊、水库、潜水、承压水等。

各种水体，由于在自然界中的运动与存在形式各不相同，其水质特点也有所不同。

二、地表水水质特点及其影响因素

地表水易开发利用，是较好的给水水源。但地表水受自然和人为因素的影响相对较大。水体的存在形式，地质地貌环境，气象因素的变化，人类活动对环境的污染，都会不同程度地使地表水的水质发生变化。

我国南方地区，离海洋相对较近，在自然界水循环作用规律的影响下，水循环总量大，地表水资源较为丰富。由于年降雨量大，河流发达，而且多数河流的上游为丘陵地带，其岩性坚实、植被完整、地势平缓、河水浊度较低。由于补给条件好，河流径流总量大，且丰水期与枯水期的水量差相对较小，河流自身承受环境对水质影响的能力相对较强。但是，随着工农业生产的发展和人民生活水平的提高，人类活动所排放的污染物质已经严重地影响着河流的水质，使其不断恶化，致使有些曾经作为给水水源的河流已不能继续使用。我国北方地区，离海洋相对较远，受自然界水循环的影响较弱，水循环总量相对较低，降雨量也较小，地表水资源相对匮乏。由于一些江河发源于西北高原，流经黄土地区，因此水土流失严重、河床稳定性差、植被覆盖面积小，河水浊度高。由于补给条件不好，一些山区河流受季节影响很大，丰水期与枯水期流量相差悬殊。尤其枯水期河流径流总量极少，很难抵御自然与人为因素对河流水质的影响。北方河流受人类活动污染的情况，目前看来，相对南方总体水平虽然好些，但河流污染状况也不容乐观。

地表水易受各种自然因素的影响，水质很不稳定。季节、气候、雨雪、潮汐、地形、土质、岩层、植被以及人类活动等因素的变化，都可以使地表水的水质发生改变。地表水的存在和运动形式不同,在上述因素作用下,水质受影响的特点和程度也随之不同。

江河水的主要来源是降雨形成的地面径流,它能冲刷并携带地面的污染物质进入水体,流速较大的江河水,冲刷两岸和河床,并将冲刷物卷入水中。所以,江河水一般浑浊度较大,细菌含量较高;江河水流经矿物成分含量高的岩石地区,水中还会含有矿物成分;江河水的主要补给源是降水,其矿化度和硬度低;由于长期暴露在空气中,水中溶解氧的含量较高,稀释和净化能力都较强。

江河水流量的变化对其水质有较大影响。在洪水期,由于大量降水进入江河,带入了大量泥砂、有机物和细菌等杂质,使水质恶化、浑浊度升高、水中细菌含量增多;随降雨量的增大,稀释作用增强,水中的矿化度和硬度等指标则下降;在枯水期,江河主要由地下水补给,水量较少,流速变缓,浑浊度降低,矿化度却升高,硬度也较大。

在寒冷地区,冬季江河表面封冻,水中细菌含量达到一年中的最低值。解冻时,冰面的污染物大量进入水中,融雪水也同时流入,细菌含量又随之上升,浑浊度增高。除以上自然影响因素外,对水质污染影响最大的还是沿岸排入江河的生活污水和工业废水。它们不仅使水体的物理性状恶化,化学组分改变,并且因其可能含有有毒物质造成对人体的毒害,以及因其含有的病原体会以水作为媒介传染疾病而危害人体健康。

湖泊和水库水在一般情况下的主要来源是江河水,也有些来源于泉水。因此,湖泊和水库水的水质与其水的来源有很大的关系。来源水水质高,则湖泊和水库水的水质相对就好,反之亦然。

由于湖泊和水库中的水相对处于静止状态,静置沉淀作用使得水中悬浮物大大减少,浑浊度下降。由于湖泊和水库的自然条件有利于藻类、水生植物、水微生物和鱼虾类的生长,使得水中有机物质含量升高,使湖泊和水库水多呈现绿色或黄绿色。

三、地下水水质特点及其影响因素

埋藏在地表以下800m以内的淡水,占全球淡水总量的20%以上。由此可见,地下水储量相对地表水要大得多,而且分布较为普遍。由于生产的发展和生活水平的提高,对水的需求也越来越大,有限的地表水已不能满足人类迅速增长的需要,地下水已成为重要的给水水源。

地下水按含水层的埋藏状态可分为上层滞水、潜水和承压水,按其在地层中的位置、运动情况的不同,水质也有差异。

上层滞水的补给源主要为降雨,其水量随季节变化大,不稳定。尤其是在上层滞水隔水层范围小、厚度不大、距地表较近时,往往在短时间内消失。因上层滞水埋藏较浅,降雨又为其主要补给源,极易受人类活动的污染,不宜作为供水量大、要求稳定的给水水源。潜水水量较为丰富,是重要的给水水源。但潜水含水层的水位、埋藏深度、水量和水质等均显著受气候、水文、岩性、地质构造等因素的影响,随时间不断地变化并呈现明显的季节性。丰水季节潜水补给条件好,储量增加,水层变厚,潜水水位上升。枯水季节补给量小、储量下降、水层变薄、潜水水位下降。

与上层滞水相比,地下潜水由于经地层的渗滤,隔除了大部分悬浮物和微生物,水质物理性状较好,细菌含量比地面水少。在地下潜水埋藏地区,土壤中若含有可溶物质,则水流流经土壤时,矿物质含量增加。水中的溶解氧,因会被土壤中的各种生物化学过程消耗,所以地下潜水溶解氧含量大为减少。当土壤被人为废弃物,尤其是被日常生活的废弃物所污染，存在于土壤中的病原菌及其他微生物等就有可能随水下渗而污染地下水。一般说来，土壤污染程度越大，地下水位越高，则水质污染情况越严重。地下潜水的水质还与土壤的物理性状有关：当地下水通过较为致密的土壤时，流动缓慢，过滤作用强，水质污染程度较轻；反之，土壤的孔隙度大，流速快，过滤作用弱，污染扩散较快，污染范围也较大。由于潜水的主要补给来源是降雨和地表径流，因此人类活动造成的地表污染，很容易渗透到潜水含水层中。所以，在开发利用潜水时，应充分考虑到这些特点。

承压水是较好的给水水源。承压含水层的主要补给源是渗入补给。在承压水的补给区，如果雨量丰富、河系发达，则承压水的补给相对充足。由于承压含水层的大部分地区顶部有不透水层阻隔，与大气及地表水之间无直接联系，水位和水量受气象、水文因素影响较小，一般比较稳定。又由于承压水的补给局限在补给区，所以承压水不像潜水那样容易得到补充和恢复。但当承压水含水层分布范围广、厚度较大时，往往具有良好的多年调节能力。承压水一般不易受到污染，但一经污染，则很难净化和恢复。

承压水由于有不透水层阻挡，不易受其上部地表面人为污染的影响，水质情况通常较为稳定，一般情况下，比潜水水质要好。水质物理性状无色透明，细菌含量少，水温低且恒定。承压水中的矿物质含量与其储藏条件有密切关系，一般情况下，含盐量比地表水和地下潜水偏高，水质较硬。承压水的补给区往往较远，含水层直接露出地表，该区域的环境保护对保证水质有着重要的作用。

第二节　水体污染监测与预报

一、水体污染
（一）水体污染及其因素

我国淡水资源缺乏，属于严重贫水的国家之一。随着我国城市建设和工农业生产的不断发展，原已很匮乏的水资源又被日益严重的水体污染问题所困扰。目前，如何确保水体质量，使其能够符合"可持续发展"的战略目标，已成为我国社会发展面临的重大问题。

水体的污染是指在自然或人为因素的影响下，过量的污染物质排入水体，使该物质在水体中的含量超过了水体的本底含量和水体的自净能力，从而破坏了水体原有的用途。

水体的污染是污染物进入水体后的迁移、转化，是通过污染物与水体之间产生物理、化学、生物、生物化学等作用或综合作用的结果。

物理作用是指污染物质进入水体后，仅通过其在水中的稀释扩散、温升等作用，使水体发生物理变化而影响水质的污染方式。污染物在水中的扩散与迁移规律，是水体物理污染规律研究的主要内容。

化学作用是指污染物质进入水体后，通过氧化、还原、分解、化合等化学反应，使水体的化学性质发生改变的污染方式。污染物质进入水体后，水体的各项化学指标能否满足使用要求，是水体化学污染研究的主要内容。

生物与生物化学污染是指藻类、细菌和病毒等生物进入水体后，直接导致水体的水质发生变化，影响水体的使用功能；或是大量有机污染物质进入水体后，水中生物体在对其降解过程中，所进行的生物化学作用对水体水质产生的不良影响。生物、有机物质及其在污水中的作用规律，是水体生物与生物化学污染研究的主要内容。

水体污染往往是在错综复杂的各种因素共同作用下进行的。因此，水体污染的规律也必须从多个方面进行综合研究。

(二) 水体污染物质及其污染特性

1. 重金属及其污染特性

在工业生产与日常生活中，重金属有着广泛的应用。这些金属物质主要有：汞（Hg）、镉（Cd）、铅（Pb）、铬（Cr）、锌（Zn）、铜（Cu）、钴（Co）、镍（Ni）、锡（Sn）以及类金属砷（As）等。

重金属物质污染水体有以下特点：①天然水体中微量浓度的重金属物质即可使水体具有毒性。如水体中汞的含量超过 0.001mg/L 时，就可对人体构成毒害作用。②天然水体中的重金属物质可长期稳定地存在于自然界中，且无法在微生物的作用下降解，某些重金属物质在微生物的作用下甚至可转化成毒性更强的化合物。③重金属物质在生物体内很难排泄，以致在生物体内富集，通过食物链将毒性放大，对人体造成危害。④重金属物质进入人体后往往在某些器官中逐渐蓄积，造成慢性中毒。

重金属物质对水体及环境的污染，危害严重、难于治理、影响久远，应引起高度重视。

(1) 汞及其污染特性

在自然界中，汞（Hg）主要以硫化汞的形式存在于岩石中。普通岩石中汞的含量在 $5\sim1400\mu g/kg$，大多数在 $200\mu g/kg$ 左右；大气中汞的含量约在 $0.02\sim10\mu g/m^3$，所以降雨中也会有汞；天然水体中汞的含量约在 $0.01\sim0.1\mu g/L$。

汞在工业上的应用很广，在氯碱工业中，较多使用的工艺是以汞作阴极电解食盐的方法，一般每生产一吨碱约耗汞 150~300g。汞作为催化剂也广泛地用于塑料和化工等生产中。

环境中过量的汞将对人及其他生物产生严重危害。

历史上著名的水体公害事件——水俣病，就是由于使用汞作催化剂生产氯乙烯和醋酸的工厂排放的大量含汞废水引起的。1953 年，日本南部沿海的一个小镇，曾有许多人患了以神经系统症状为主的一种"奇病"，病人最初出现的症状是四肢末端或口周围有麻木感，随后出现手的动作障碍，同时还出现协调动作障碍，感觉障碍，软弱无力，震颤，语言障碍，步态失调，视觉和听力障碍，最终导致全身瘫痪，吞咽困难，痉挛以至死亡。经过近 10 年的研究表明，是由于水俣市一家工厂排放的废水中含有甲基汞，废水排放到海湾后经过食物链的作用，甲基汞富集到鱼贝类体内，人因食用了富含甲基汞的鱼而引起的甲基汞中毒。

(2) 镉及其污染特性

自然界的镉（Cd）多以硫镉矿的形式存在。据报道，镉在土壤中的含量约在 0.06mg/kg，空气中镉的含量约 $0.003\sim0.02\mu g/m^3$，镉在水中的含量约为 0.1~10mg/L。

镉的用途很广，在塑料、颜料、试剂等生产中，多用镉作为原料和催化剂。镉的抗腐蚀性和抗摩擦性很强，是生产不锈钢和金属表面处理的辅助原料。镉还可用于制造光电管、雷达、镉电池，以及用于电视机荧光屏的生产。镉还能用于航海、航空等其他领域。

环境中过量的镉对人及其他生物有严重危害。

1946 年 8 月，日本有了首例关于"痛痛病"（或骨痛病）的报道。痛痛病患者初期从腰、背痛开始，然后肩、膝、髋关节痛，逐渐扩展至全身。随之而来的是步态呈鸭步状，行走困难，甚至咳嗽和轻微外伤就可能导致骨折。最终，可因长期卧床，营养不良，消瘦，并发其他合并症而死亡。至1960年，痛痛病被证实是由于镉中毒而引起的。发病是由于神通川上游某铅锌矿的含镉选矿废水和尾矿渣污染了河水，使其下游用河水灌溉的稻田土壤受到了污染，产生了"镉米"，人们长期食用"镉米"和饮用含镉的水而得病的。

(3) 铅及其污染特性

铅（Pb）在地球上分布很广。自然条件下，土壤含铅量约为 8～20mg/kg，天然水体中含铅量约为 1～10μg/L，大气中含铅量约为 0.0005μg/L。

铅的用途非常广泛，主要用于电缆、蓄电池、油漆、农药、医药、铸字合金、放射线材料等。

环境中的铅污染对人体有害。天然水体中所含的铅来源于岩石、土壤、大气降尘和含铅污水的排放。在给水工程中，若金属输水管道中含铅，在弱酸性水的作用下，会缓慢溶解出金属管道中的铅。通过饮用水进入人体，是人体摄入铅的主要途径之一。当人体铅的摄入量大于排出量时，将导致铅在体内的蓄积，长期下去，必然会对人体正常生理功能产生影响，甚至引起各种病理变化。铅中毒主要症状是食欲不振、失眠、头痛、头昏、肌肉关节酸痛、腹痛、便秘等症状。铅作用于人的神经系统，可使大脑皮层的兴奋和抑制过程发生紊乱，重者引起中毒性脑病。慢性铅中毒还可造成心肌损伤，使人出现心衰。

(4) 铬及其污染特性

铬（Cr）广泛地存在于自然环境中，天然存在的铬矿有铬铁矿（$FeCr_2O_4$）、铬铅矿（$PbCrO_4$）和硫酸铬矿。岩石中的铬在自然因素（如风化、火山爆发等）作用下即可进入土壤、大气、水及生物体内。土壤中铬含量平均水平约在 53 mg/L 左右，淡水中约 9.7μg/L，空气中约为 0.07μg/m³。

铬广泛地用于冶金、机械、金属加工、汽车、机床、船舶、航空、纺织、涂料、印刷、制革、医药、化工等行业。由于铬的大量生产和广泛应用，必然带来含铬的废气、废渣、废水对环境的污染。其中，含铬废水是环境的重要污染源。在一些镀铬工艺中，有时仅有10%的铬真正镀在工件上，其余30%～73%随生产废水而排放，废液中含铬浓度一般可达10mg/L，最高可达 600 mg/L。

铬是人体必需的微量元素之一。但只有三价铬才对生物体具有有益的作用，而六价铬却会引起人体的铬中毒或其他慢性毒害。大量铬从消化道进入人体，可引起恶心、呕吐、腹泻、血便，以至脱水，同时伴有头痛、头晕、烦燥不安、呼吸急促、肌肉痉挛等严重中毒症状，如不及时抢救，将使人陷入休克、昏迷状态。

(5) 砷及其污染特性

砷（As）元素属于类金属，元素砷不溶于水和强酸，因此几乎没有毒性，但如果暴露在空气中，其表面极易被氧化成剧毒的三氧化二砷（As_2O_3），又称为"砒霜"。砷在自然界中广泛存在，主要存在于各种含砷矿中。一般土壤中砷含量约为 5～10mg/L，淡水中砷含量一般在 0.01 mg/L 以下。

砷的化合物种类很多，用途也很广。自古以来，一直用于杀虫灭鼠，近些年更多的是用作农药。在工业中，常用于皮毛工业作脱毛剂，用于玻璃工业作脱色剂，用于冶炼工业作为炼铜时增加其抗蚀性和机械性能的添加剂，砷还可用于半导体、颜料、化工、医药等领域。由于砷化物用途广、毒性大，故现已被认为是污染环境最重要的有毒物质之一。

环境中过量的砷可造成人体的急性、亚急性及慢性砷中毒，同时也是目前已知的致癌元素。

1958～1970 年，智利某城市饮水中含砷量为 0.8 mg/L。首先，该地区从儿童中发现患有特殊的皮肤病，进而发现当地居民 30% 患有此病，重者可致命。又如台湾西南沿海地区，50 年来长期饮用含砷量高于 0.8～2.5 mg/L 的深井水，致使该地区居民慢性砷中毒。中毒患者下肢皮肤变黑、产生坏疽、四肢疼痛、行走困难、肌肉萎缩、头发变脆、黑色素沉着、皮肤高度角质化、溃疡经久不愈，当地称为"黑脚病"。该病最终可致患者死于合并症。此外，由于水中砷含量过高，使该地区皮肤癌发病率高达千分之几。

2. 无机非金属毒物及其污染特性

(1) 氰化物及其污染特性

氰化物（CN^-），如氰化钾、氰化钠、氰化氢，都是溶于水的剧毒物质。氰化物广泛地存在于自然界中，动植物体内部含有一些氰类物质，有些植物如苦杏仁、白果、木薯、高粱等含有相当量的含氰糖甙。土壤中普遍含有氰化物，并随土壤深度的增加而逐渐减少，其含量一般在 0.003～0.13mg/kg 左右。天然土壤中的氰化物主要来自土壤中的腐植质，因此土壤中氰的本底含量与其中有机质的含量密切相关。由于生产、使用氰化物的生产过程都有可能产生含氰废水，所以水体受氰化物的污染有较大的潜在危险。随着塑料制品日益普及，腈类化纤或塑料制品燃烧时将产生含氰化氢烟气，大量含氰化物的废水排入水体，致使水体中的氰化物以氰化氢的形式逸散而进入大气等，都将引起空气中氰化氢浓度增加。因此，氰化物对大气的污染也应引起人们的关注。

氰化物是快速剧毒物质，对神经系统有特殊的亲合力，能在短时间内致中毒者出现呼吸困难、全身痉挛和麻痹，重者可导致突然昏迷死亡。

自然界对氰化物的污染有较强的净化作用。只有在高浓度持续污染情况下，污染物的排放量超过了环境的净化能力，氰化物才能在环境中积蓄，从而构成对人体的危害。另外，氰化物在人体内是非积蓄性毒物，人体在不致产生中毒剂量的氰化物侵入时，对其有较强的解毒机能。

(2) 氟化物及其污染特性

氟（F）是自然界最活泼的非金属元素，一般条件下以化合物的形式存在。氟在自然界的分布很广，在构成地壳的各种元素中居第十三位。地表水与地下水中一般都含有氟，地下水中氟含量可从微量至 10mg/L 以上。城市大气中氟含量约为 0.01～3.9$\mu g/m^3$，而农村大气中氟含量要低得多。

随着工业的发展，氟被广泛地用作化工原料，如电解铝、磷肥、砖瓦、陶瓷、玻璃、水泥、硫酸、冶炼以及在航空、航天等领域中，都有广泛地应用。

饮用被含氟废水污染的水以及处于高氟地区的居民，每人每日摄入总氟量超过 4～5mg 时，氟可在体内积蓄并引发氟中毒。氟中毒是一种全身性疾病，可影响人体钙磷的代谢、体内酶的活性、神经系统的正常活动等。此外，人体内过量的氟还具有致突变作用。氟对人体的危害可明显地表现于氟斑牙和氟骨症，使中毒者牙面出现浅窝状或花斑样缺损、呈剥脱状，以及造成人体骨密度增高、骨质增生、骨与软组织钙化，出现头痛、乏力等神经衰弱症状及食欲不振等胃肠功能紊乱等症状。

3. 有机毒物及其污染特性

(1) 酚类化合物及其污染特性

酚类化合物是指芳香烃中苯环上的氢原子被羟基取代所生成的化合物。自然界中存在的酚类化合物有2000种以上。环境中的酚污染主要指苯酚、甲酚、五氯酚及其钠盐。

环境酚污染主要来源于：炼焦、炼油、煤气发生、制药、化工、塑料、有机合成与分解、造纸、制革、印染等生产过程中产生的废气与废水。

酚是一种有机化学毒物，被人体吸收后可引起全身反应，主要作用于人体的中枢神经系统。中毒者表现为面色苍白、头冒冷汗、口唇青紫、体温和血压下降、呼吸和脉搏减缓，进而神志不清、反射消失、虚脱昏倒，最后可因呼吸中枢麻痹而死亡。同时，酚中毒也可引起肺、肝、肾等脏器产生充血和水肿。

酚对水产品的产量和质量也有着严重的影响。水产资源丰富的海湾遭酚污染后，贝类减产，海带腐烂，牡蛎、砂贝等逐渐死亡。酚还能抑制水生生物（如细菌、海藻、软体动物等）的自然生长速度，影响水中的生态体系。

(2) 有机农药及其污染特性

随着农业生产和化学工业的发展，我国农药的产量不断上升。农药虽能促进农作物产量的增加，但同时也带来越来越严重的环境污染。有机农药主要指有机氯、有机磷、有机汞、有机砷和氨基甲酸酯五大类。农药污染环境的主要途径是大面积施用而进入土壤，经农田灌溉或降雨过程进入水体，随水流的运动使水体受到污染。农药在环境中的残留时间比较长，如滴滴涕大约为10年，六六六大约为6.5年。农药在自然水体中的扩散方式有：溶解、悬浮、挥发、沉降、渗透等。大量资料已经证实，有机氯农药，如滴滴涕（DDT）、六六六等，几乎对全世界所有地区的空气、土壤和水体都构成了不同程度的污染。

环境中的农药还可通过生物富集作用使毒性放大。如有机氯农药滴滴涕，可在浮游生物、小鱼、大鱼、水鸟组成的食物链中逐渐提高富集浓度，最终在水鸟体内的浓度可达相同区域水体中滴滴涕浓度的800万~1000万倍。

有机氯在人体内主要作用于人的大脑运动区与小脑，通过大脑皮层影响植物性系统及周围神经。有机氯在人体内还会影响器官的组织细胞，如引起肝脏等营养失调，发生病变乃至坏死。

有机磷农药，如敌敌畏、敌百虫、杀虫威等，进入人体后，可引起神经传导生理功能紊乱，瞳孔缩小、流涎、抽搐，最后可因呼吸衰竭而死亡。

大量研究与调查资料表明，有机农药对人体健康的影响已成为世界性环境质量问题，为世人所关注。目前，世界各国都在积极努力，让对环境有害的有机农药退出历史舞台。

4. 耗氧有机污染物及其污染特性

耗氧有机物包括蛋白质、脂肪、氨基酸、碳水化合物等有机物质。这些有机物可在微生物的作用下最终分解成为简单的无机物质：二氧化碳和水等。这些有机物在分解过程中需要消耗大量的氧，故又被称为需氧污染物。水体中耗氧有机物的主要来源是排放入水体的生活污水、一些含有耗氧有机物质的工业废水（如屠宰、食品、造纸、皮革、纺织、石油加工等），以及在自然水循环过程中携带了耗氧有机物质而进入水体的自然循环水。

耗氧有机物对水体的污染，主要是使水体中的溶解氧发生变化，原有的水体生态平衡体系受到严重影响，甚至完全被毁坏。

耗氧有机物一般无直接毒害作用，其污染水体的机理并不是在于耗氧有机物质本身是否具有毒害性，而是由于这些物质进入水体后，容易在水微生物的作用下分解，而分解过程需要消耗水体中大量的溶解氧，造成水体中溶解氧的平衡被破坏，水体中溶解氧量下降。水体中溶解氧量的缺乏，会导致水体中的有机物质在厌氧条件下分解，使水体出现"黑臭"现象。

大气中的氧在自然条件下可通过水体表面氧的溶解、或通过其他方式进入水体，即水体具有一定的复氧能力。当水体中溶解氧的耗氧量大于溶解氧的复氧量时，水体中溶解氧量下降。水中一定浓度的溶解氧是各种鱼类生存的必要条件，水体中溶解氧量的不足，将导致鱼类大量死亡，水体生态系统被破坏，使原有的生态环境严重恶化。

5．水体营养物质及其污染特性——水体富营养化

当向水体排入含大量磷、氮等营养性物质的污水时，使水体中营养盐的总量增加。水体营养总量的增加，随之而来的是水体中的藻类及其他微生物过量增殖。污染严重时，水体中生物群体种类数量极少，而其种群的个体数量恶性膨胀，生态系统严重失衡。过量的藻类及其他微生物的增殖，还将大量消耗水体中的溶解氧，使水体处于缺氧状态，水质迅速恶化。富营养化是湖泊分类和演化的一种概念，是湖泊水体老化的一种自然现象。

水体富营养化的明显标志，是水体表层与上层大量滋生蓝藻。蓝藻的过度增殖，不仅可使水体产生霉味和臭味，还可产生毒素。这种毒素在被贝壳类动物食后，往往看不出影响，但当这些贝壳类动物被人食用后，会引起严重的胃痛，甚至中毒死亡。

水体的富营养化，不仅使水体水质恶化，还加速了水体从贫营养、中度营养、富营养化，以至衰亡的进程。

6．病原微生物及其污染特性

天然水体中细菌含量一般很少，水体病原微生物的污染，主要来源于排入水体的人类活动所产生的各种污水，如生活污水、医院污水、垃圾堆放场降雨渗水等。病原微生物包括致病细菌、病虫卵和病毒。常见的是肠道传染病，包括霍乱、伤寒、痢疾等病菌；寄生虫病的虫卵有血吸虫病、阿米巴、鞭虫、蛔虫、绕虫及肝吸虫等；病毒有传染性肝炎等病毒。

病原微生物污染的特点是：数量大，分布范围广，存活时间长，难于彻底清除。病原微生物通过水体传染疾病，世界各国都曾有过重大事件发生，后果严重。

目前，随着人们环境保护意识的增强，水体质量的不断改善，这种来自于水体媒介的传染病大大减少。但是，历史给予人们的沉痛教训不应忘记，绝不可对此掉以轻心。保护水源，加强对含病原微生物污水排放的控制，严格执行饮用水卫生标准，是防止病原微生物侵害人体的基本保证。

除以上几大类污染物以外，还有许多物质可对水体产生污染，如油类物质、放射性物质等都将对水体产生各自不同性质的污染。如要进一步了解这一方面的有关内容，可参阅其他有关书刊资料。

（三）水体污染调查

水体的污染，来源于自然因素与人为因素。一般情况下，自然因素对水体污染所起的作用并非是主要的，在很多情况下仅起到间接和次要的作用；其污染主要来源于人类生产与生活过程中排出的废水、废气与废渣等的人为污染。

工业废水是水体最主要的污染源之一。工业废水中所含的污染物质，随生产工艺和过

程的不同而不同，其总含量大、组成繁杂、对水体环境造成的污染严重。其中，一些污染物质甚至很难再进行处理和净化。

生产过程主要污染物质及污染形式　　　　　　　　　　表 2-1

污染物质的主要来源	主要污染物质及排放形态		
	废 气	废 水	废 渣
火力发电站	粉尘、SO_2	高温废水	灰 渣
核电站	放射性尘埃	放射性废水	
黑色冶金	粉尘、SO_2、CO、CO_2、H_2S等及含重金属元素废气	悬浮物、酸度、酚、氰化物、多环芳烃、COD、BOD、色度、硫化物、高温废水、洗涤废水	矿石渣、冶炼废渣
有色冶金	粉尘、SO_2、CO、NO、NO_2等及含 Hg、Cd、As、Pb 等重金属元素废气	悬浮物、酸度、Cu、Zn、Pb、Hg、Ag、As、Cd、氟化物、COD、高温废水	冶炼废渣
纺织印染		染料、酸碱、硫化物、各种纤维状悬浮物	
化工农药	CO、H_2S、NO、NO_2、SO_2、F 等	悬浮物、氟化物、酸、碱、盐类、COD、Hg、As、Cd、酚、氰化物、硫化物、苯、醛、醇类、油类、多环芳烃、有机磷、有机氯	
石油化工	石油气、H_2S、SO_2、烯烃、烷烃、苯类、醛、酮类等各种有机气体	悬浮物、COD、BOD、油类、酚类、氰化物、苯、多环芳烃、醛、醇、多种有机物	
皮革工业		悬浮物、硝酸盐、COD、BOD、酸、碱、Cr、S、有机物等	Cr 渣、纤维废渣
采矿工业		悬浮物、酸、碱、重金属元素、放射性物质	废矿渣、碎石
造纸工业		悬浮物、酸、碱、COD、BOD、木质素等	
食品加工		COD、BOD、营养元素类有机物、微生物	
机械制造		悬浮物、酸废水、Cr、Cd、油类、电镀废水	金属碎屑
电子与精密仪器、仪表制造	少量有害气体	重金属元素、电镀废水、含酸废水	
建筑材料工业	粉尘、SO_2、CO	悬浮物、酸、碱、酚	炉渣、灰渣

工业粉尘与废渣对水体环境的影响也不可忽视。空气中的有害粉尘会随降雨落到地面，进入并使水体受到污染；堆放于地表面的工业废渣，也会在降雨过程的作用下溶解下渗，进入并污染水体，若直接将含污染物质的废渣倾倒入水体，将导致水体更为严重的污染。

一些生产过程的主要污染物质及污染形式见表2-1。

城镇生活污水也是水体的重要污染源。城镇居民日常生活每天都要排放大量的生活污水，其中含有大量的碳水化合物和富含氮、磷、硫等营养元素的有机物，还含有洗涤剂和病原菌。这些污染物质进入水体后，会造成水体的溶解氧下降、水质发黑变臭及引起水体的富营养化。此外，由于病原菌污染水体，还会导致疾病的蔓延。

农业生产中由于化肥和农药的应用，随着降雨、溶解、径流、冲刷、混合、渗流等过程，最后终将汇入水体，使水体遭受污染。

进行水体污染源调查，不仅需要按照污染水体的不同来源，确定污染源调查的方向，还需要根据污染源污染水体的方式确定水体污染调查的方法。

水体污染源按其污染水体的方式可分为点污染和面污染。集中排放的工业与城镇污水一般可认为是点污染，而经降雨、径流等一系列过程将污染物质携入水体的污染可认为是面污染。点污染与面污染由于污染水体的途径不同，并有其自身的特点，因此在进行污染源调查时，应采取相应的方式和方法。

水体污染调查可按以下方法进行：

（1）普查：对整个水体的污染源进行全面调查，尽可能地了解和重点掌握能对水体产生污染的各种污染源及其对水体产生的污染性质与程度。

（2）重点污染源调查：对水体产生较大影响的污染源进行深入调查，查清水体主要污染源的位置、排污规律（排放流量、所含污染物质种类及浓度变化等）、污染程度及其污染特性。

（3）社会调查：进行水体污染调查时，还应包括对污染排放源进行近远期发展规模、环境治理与综合利用规划、水体资源开发利用规划、水体污染造成的社会影响（如因水污染造成疾病及对环境产生的影响）等。

总之，水体污染调查是一项复杂的工作，水体污染是由自然因素与人为因素在复杂条件下共同作用的结果，水体污染不仅对水体自身的性质产生影响，还会产生社会影响。因此，水体污染调查不仅要重视人为因素对水体自身性质的影响，还要注意水体污染产生的社会影响。

二、水体污染监测与预报

（一）水体污染监测

水体污染监测是指测定能反映水体环境质量的各种指标数据的过程，其目的是对水体的污染进行监测，检查水体环境质量是否符合相应的环境质量标准，为合理使用和保护水资源提供基础数据。

1. 水体污染监测网

水体污染监测网是在所研究的水体范围内，以水体污染调查作为基础，根据该地区水体的特点、水文特征、污染源分布、污染物质的污染特性及其时空变化规律、水体质量的其他人为与自然影响因素而设置的定时、定点、定监测项目的监测站点群。由这些站点采集的样本，应具有代表性和完整性。根据样品分析得出的数据，能够真实反映污染物质在水体中的分布状况与水体被污染的程度。合理布设监测网点的原则是：在尽可能少的站点设置前提下，最大限度地真实反映水体污染的现状，以提高水体污染监测的效率。

2. 采样断面和采样点的布设

为确保水体监测结果能准确反映水体污染的实际情况，各监测站点的样品采集工作十分重要。

（1）地表水体采样点的布设原则

对地表水水体，样品的采集在水体采样断面上的采样点上进行。采样断面与采样点的布设应能较好地反映地表水体的污染状况及其变化规律。一般情况下，水体污染监测应设置背景断面、污染控制断面和消减断面。

所谓水体的背景值，是指未受或很少受人类活动影响的天然水体中物质的组成与基本含量。背景断面的设置，应在水系上游清洁段进行，以便得到水系真实的水体背景值。背景断面设置应遵循以下原则：

1）应根据区域内地质化学的差异，特别是区域内水化学影响的明显差异，土壤、岩石、植被、水文、气候的差异等情况确定背景断面；

2）远离工业区、城市、居民密集区、主要交通线路，避开工业污染源、农药和化肥使用区、城镇居民生活污水的影响区；

3）尽可能设置在水文条件与地质条件较稳定的比较平直的河段上；

4）既要避开主要交通线，又要保证交通方便，以利于样品的迅速运输，减少因水样稳定性带来的监测取样误差。

污染控制断面的设置，是为了对有一定量排污的河段进行污染监测，或直接对危害严重的排污对象实施限制和控制。控制断面应设在如下河段上：

1）设置在城镇、工业区、大型排污口，或将要兴建居民、工业、农业区的河段；

2）城市的主要饮用水源、水产资源集中的水域、主要风景游览区、主要游泳场和重大水利设施处；

3）较大支流汇合口上游和汇合后与干流充分混合的地点、入海河流的河口处、受潮汐影响的河段和水土严重流失区；

4）重要排污口下游 500~1000m 处。

消减断面是指废水、污水汇入河流，流经一定距离与河水充分混合后，水中污染物的浓度因河水的稀释作用和河流本身的自净作用而逐渐降低，在河宽方向浓度差异较小的断面。

消减断面的设置，一般情况下应设在城市或工业区最后一个排污口下游1500m以远的河段上。对于水量较小的河流，可根据具体情况确定消减断面。

对于湖泊与水库，采样断面的设置应考虑汇入湖、库的河流数量，季节变化情况，沿岸污染源对湖、库水体的影响，水面性质和水体的动态变化等水文特征，湖、库水体生态环境特点，湖、库中污染物扩散与水体自净状况，水面的面积、水深、鱼类回流区和产卵区等因素。采样断面的设置应遵循以下原则：

1）在入、出湖、库的河流汇合口处；

2）在大型排污口、饮用水源、风景游览区、游泳场、排灌站处以功能区为中心设置弧形采样断面；

3）在湖、库中心和沿水流流向以及滞流区分别设置采样断面；

4）在湖、库不同鱼类的回游产卵区设采样断面；

5）按照湖、库的水体种类适当增、减采样断面。

采样断面确定后，需根据所监测水体的具体情况按以下原则在采样断面上布设采样点：

1）在一个采样断面上，水面宽为100～1000m时，应设左、中、右三条垂线（中泓线及左、右有明显水流处）；水面宽为50～100m时，设置左、右两条垂线；水面宽度小于50m时，只在中泓处设一条垂线；水面宽大于1500m时，至少应设置等间距的五条垂线；较宽的河口与湖、库采样断面应酌情增加垂线数。

2）在采样断面上的一条垂线上，水深10～50m时，设三个采样点（水面下0.3～0.5m处、河底上约1m处、1/2水深处）；水深5～10m时，设两个采样点（水面下0.3～0.5m处、河底上约1m处）；水深小于或等于5m时，设一个采样点（水面下0.3～0.5m处）；水深超过50m时，应酌情增加采样点数。

3）对于湖、库采样，每条垂线上的采样点还应按沿水深温度的变化考虑设置间温层采样点。

（2）地下水水体采样点的布设原则

1）进行布点前，应搜集、汇总有关水文、地质方面的资料和既往的监测资料、区域基本气象资料，查清地下水的径流、补给与排泄方向，地下水水位与含水层厚度情况，区域内城镇、工业、农业、居民生活等污染源的分布情况，地下水污染源及其分布情况，据水文地质情况划分地下水单元等；

2）尽可能利用各水文地质单元中原有的水井，在污染区外围地下水上游区设置背景监测点，污染控制区设置三个以上的监测采样点；

3）监测采样点的布设应考虑环境水文地质条件、地下水开采情况、污染物的分布和扩散形式以及区域水化学特征等因素；

4）对于点状污染源，监测采样点应在距污染源最近处及沿污染扩散方向跟踪布设；

5）对于条、带形污染源，监测采样点应沿地下水流向在平行和垂直的监测断面上布设；

6）对于面状污染源，应沿地下水流向在平行和垂直的监测断面上布设监测采样点；

7）对于取用地下水作为生活饮用水、工业用水、农田灌溉用水的地区，应适当布设地下水监测采样点；

8）对于有地下水人工回灌的地区，应设置地下水监测采样点。

（3）采样频率的确定

根据我国目前的情况，现阶段可按如下方法确定采样频率。

1）每年应按丰水期、平水期和枯水期各采样两次，有条件的地方可考虑按季采样，因需要建立了长期监测采样点的地方，可按月采样。采样周期确定后，不得随意变更。

2）每一采样期至少采样一次，有异常情况时，可增加采样次数。作为饮用水水源，可考虑每月进行一次全指标监测采样，每天进行一次常规指标监测采样。对一些重要的控制断面，也可考虑在一天内按一定时间间隔进行采样，有自动采样、监测设备时也可进行连续自动采样。

3）北方应增加冰封期、南方应增加洪水期采样。

4）沿海受潮汐影响的河流，每次采样均应在退潮和涨潮时增加采样。

(4) 监测项目的确定

水体监测项目的确定应按当前国家制定的有关法规与政策执行。监测项目设置过多,会造成人力、物力的浪费,太少则不能反映水体被污染的状况。确定监测项目,应遵循以下原则:

1) 毒性大、稳定性高、易在生物体内富集、有严重致残、致命危险的污染物质应优先选测;

2) 根据监测目的,选择国家和地方颁布的相应标准中要求控制的污染物;

3) 有分析方法和相应手段进行分析的项目;

4) 大量监测中经常检出或超标的项目。

(二) 水体预测

水体预测的主要内容是预测人类活动对水体状态的影响以及水体状态对人类活动的反馈影响,目的在于合理开发利用与保护水资源。因此,它对国民经济建设和发展有着重要的意义。

预测方法种类很多,根据不同预测对象与目的选择科学的预测方法是很有必要的。必须指出,任何预测方法和计算技术都无法包揽一切实际情况,更何况其中许多问题根本无法定量计算。在检验预测结果时,尤其是在最后决策时,都离不开人的直观判断。

以下给出了几种常用的数学预测模型,表达污染状况与影响因素间的关系:

1. 简单指数外推法

如果预测事件的变化发展趋势符合指数增长规律,可以采用简单指数外推法进行预测。指数方程的一般形式为:

$$Y = Y_0 e^{kt} \tag{2-1}$$

式中 Y——环境预测中的待预测参数;

  Y_0——预测参数的初始值;

  k——比例常数;

  t——时间变量。

若对上式两侧取对数,则可化为直线模型。

2. 指数增长预测模型

如果预测事件的变化发展趋势符合指数增长规律,还可以采用指数增长预测模型进行预测。指数增长预测方程的一般形式为:

$$A(t) = A_0(1+\alpha)^t \tag{2-2}$$

式中 $A(t)$——环境预测中的待预测参数;

  A_0——预测参数的初始值;

  α——预测参数的平均增长率;

  t——时间变量。

当待预测参数的平均增长率是一个随时间变化的参数时,可采用指数增长预测模型。指数增长预测模型的一般形式为:

$$A(t) = A(t-1)[1+\alpha(t)] \tag{2-3}$$

式中 $A(t)$——环境预测中的待预测参数;

  $A(t-1)$——预测参数上一周期的值;

$α(t)$——预测参数于时间 t 时的平均增长率。

3. 回归分析预测法

在环境预测中,如果把时间系列看作自变量,把观测值看作因变量,则能以一元回归分析求出观测值与时间之间的平均关系的一元回归方程,并能采用一元相关分析估计这些观测值与时间关系的密切程度。如果相关分析表明两者具有密切相关的关系,则可用回归方程预测出相当正确的未来观测值。

一元线性回归表达式为:

$$\hat{y}_i = b_0 + b_1 x_i \tag{2-4}$$

式中 $\hat{y}_i$——系列观测值的预测值;
b_0,b_1——回归系数:

$$b_0 = \overline{y} - b_1 \overline{x}$$

$$b_1 = \frac{\Sigma(x_i - \overline{x})(y_i - \overline{y})}{\Sigma(x_i - \overline{x})^2}$$

$$\overline{y} = \frac{1}{n}\Sigma y_i$$

$$\overline{x} = \frac{1}{n}\Sigma x_i$$

x_i——系列观测值对应的时间。

当采用回归方程进行预测计算时,若所有的观测值都落在回归方程所表示的回归直线上,则说明回归方程表达的规律与观测值系列反映的规律完全吻合,也表明自变量与因变量之间有密切相关的关系。若观测值只是大部,或极少落在回归直线上,则说明自变量与因变量之间相关但并不密切,或几乎不相关。自变量与因变量之间的这种相关关系密切的程度,可用相关系数 r 表示:

$$r = \frac{\Sigma(x_i - \overline{x})(y_i - \overline{y})}{\sqrt{\Sigma(x_i - \overline{x})^2 \Sigma(y_i - \overline{y})^2}} \tag{2-5}$$

式中 r——相关系数,$0<r<1$,$r=1$ 完全相关,$r=0$ 不相关;
其他符号同前。

上述回归计算与相关系数计算,当观测数据较多时,应选用现有计算程序上机计算,可方便快捷地得出结果。

二元线性回归方程表达式:

$$\hat{y} = a_0 + a_1 x_1 + a_2 x_2 \tag{2-6}$$

式中 a_0,a_1,a_2——回归系数;
其他符号同前。

同理,a_0,a_1,a_2 可设法解出,建立二元线性回归方程。

多元线性回归方程表达式:

$$\hat{y} = a_0 + a_1 x_1 + a_2 x_2 + a_3 x_3 + \cdots + a_n x_n \tag{2-7}$$

式中 a_0,a_1,a_3,$\cdots$,a_n——回归系数;
其他符号同前。

同理,可设法解出 a_0,a_1,a_3,$\cdots$,a_n,建立多元线性回归方程。

许多曲线类型可化为直线后,再进行回归分析。可化为直线型的常用曲线类型见表2-2。

可化为直线型的常用曲线类型　　　　　　　表 2-2

曲　线　类　型	化直线型的变量替换
(1) $y=ax^b$ ($a>0$) （$b>0$）　　（$b<0$）	设 $X=\lg x$, $Y=\lg y$ 则 $Y=\lg a+bX$ (X, Y) 在双对数坐标纸上成一直线
(2) $y=ae^{bx}$ ($a>0$) （$b>0$）　　（$b<0$）	设 $X=x$, $Y=\lg y$ 则 $Y=\lg a+(b\lg e)X$ (X, Y) 在双对数坐标纸上成一直线
(3) $y=a+b\lg x$ （$b>0$）　　（$b<0$）	设 $X=\lg x$, $Y=y$ 则 $Y=a+bX$ (X, Y) 在双对数坐标纸上成一直线
(4) $y=ae^{b/x}$ ($a>0$) （$b>0$）　　（$b<0$）	设 $X=1/x$ 　　$Y=\lg y$ 则 $Y=\lg a\times(b\lg e)X$
(5) $y=\dfrac{1}{a+be^{-x}}$ ($a>0$) （$b>0$）　　（$b<0$）	设 $X=e^{-x}$ 　　$Y=1/y$ 则 $Y=a+bX$

4. 皮尔生长曲线法

皮尔生长曲线函数表达式：

$$y = \frac{k}{1 + be^{-ax}} \tag{2-8}$$

式中 k, b, a——待定参数。

确定 k, b, a 参数后，即可建立皮尔生长曲线方程。

5. 龚帕兹生长曲线法（见图2-1）

龚帕兹生长曲线函数表达式：

$$y = ka^{bx} \tag{2-9}$$

式中 k, b, a——待定参数。

确定参数 k, b, a 后，即可建立龚帕兹生长曲线方程。

6. 代数多项式法

代数多项式函数表达式：

$$y = a_0 + a_1 x + a_2 x^2 + a_3 x^3 + \cdots + a_n x^n \tag{2-10}$$

式中 $a_0, a_1, a_3, \cdots, a_n$——代数多项式系数；

其他符号同前。

同理，可设法解出 $a_0, a_1, a_3, \cdots, a_n$，建立代数多项式。

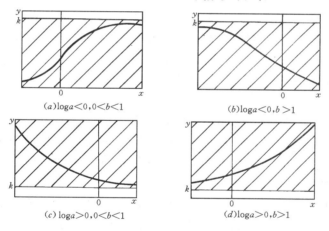

图 2-1 龚帕兹生长曲线

三、水体污染损益分析基本方法

水是人类生存与社会发展不可缺少的重要资源。对水体的污染，就是对水资源的破坏，将造成一定的经济损失，严重时甚至能制约社会发展和对人体构成威胁。由于水体污染带来的经济损失，可以进行定量化的分析。

（一）水体污染经济损失计量方法

水体污染经济损失计量是根据水体的主要功能和所受污染的现状，分析水体功能损害及污染的程度，并研究其所造成危害，确定损失计量项目和计量方法，达到使水体污染经济损失量化的目的。

水体污染经济损失计量，主要从水体功能损害及其污染造成的危害方面考虑确定计量项目，如：

1. 由于饮用水体被污染，影响人体健康造成的经济损失；
2. 由于水体污染造成水资源短缺而使工业产值减少；
3. 由于水体污染造成工业、生活用水处理费用增加；
4. 水体污染造成渔业产量减产；
5. 使用严重污染的水灌溉农田，使农作物经济价值减少；
6. 水体污染造成事故性赔、罚款的损失；
7. 水体污染使得原有取水工程设施部分或全部报废；
8. 用于水体治理进行的投资；
9. 水体污染造成旅游资源破坏引起的经济损失；
10. 水体污染造成的其他方面的损失。

在一定范围内，水体污染造成的经济损失，往往具有多重性。因此，水体污染造成的经济损失总额，应是各单项污染损失之和，即：

$$E = \Sigma E_i = \Sigma k_i \cdot A_i \cdot C_i \tag{2-11}$$

式中 E——水体污染造成的经济损失总额；

E_i——水体污染造成的某单项经济损失额；

k_i——换算系数，水体污染造成的某单项经济损失的比率；

A_i——对水体污染造成某单项经济损失计量的总量数；

C_i——某单项经济损失中，单位计量数造成的经济损失价值。

水体污染造成的单项经济损失额 E_i，可按市场价格法、机会成本法、影子工程法、恢复费用或防护费用法、人力资本法或其他方法进行计算。

（二）水体污染造成单项经济损失计算方法

1. 市场价格法

由于水体污染造成产品成本增高或产量下降，并且这种成本升高或产量下降可以根据市场价格进行计算其价值，则水体污染造成该种产品的经济损失，可采用市场价格法计算。例如，水体污染造成渔业生产的损失，可采用市场价格法计算该项经济损失。

2. 机会成本法

水资源是有限的。开发利用未受污染的水资源，可以创造一定的经济价值。如果水体受到污染，使原来能够利用的部分资源因污染而不再能被利用，失去了利用水资源创造经济价值的机会，计算因此损失经济价值的方法称为机会成本法。

3. 恢复、防护费用法

水资源被破坏或被污染造成的经济损失，可以用恢复被破坏的资源或防护资源被污染所支付的费用进行计算，由此得出计算经济损失的方法称为恢复、防护费用法。

4. 影子工程法

水体因污染不能继续使用，需要人工重新建设一个工程来替代原有水体的功能，则新建工程的费用，就可计算因水体破坏而造成的经济损失。这种方法称为影子工程法。

5. 人力资本法

环境污染对人体健康产生不良影响，致使人的劳动力丧失，不能为社会创造价值，由此而造成经济损失。计算因人的劳动力丧失而造成的经济损失，并以此作为环境污染引起的损失，称为人力资本法。

6. 其他方法

(1) 赔偿费用法

因水体污染事故引发的赔款、罚款，计为水污染造成的经济损失。

(2) 相关分析法

在数据与资料不完备的地区，可以利用其他经济发展水平及水污染状态相近地区的资料，采用相关分析法，计算本地区受水体污染造成的经济损失。

(3) 投标博弈法

通过对水体使用者或水体污染受害者的调查，获得当事人对水体污染现状的支付愿望，以此结果和未受污染时人对水体污染现状的支付愿望进行比较，其中差额部分即为因水体污染而造成的经济损失。

第三节 水体污染控制

一、水体污染控制概述

水污染控制问题，是涉及到政治、经济、法律、文化、科学、技术等各个领域的极为复杂的问题。自本世纪60年代以来，水污染控制与综合治理问题在世界范围内越来越广泛地受到人们的重视。水体的污染，因其涉及区域之大、水循环运动规律之复杂、受人为污染因素影响之强烈，而成为极其复杂和庞大的系统。因此，水体污染的控制，要想以最经济的投入换取尽可能好的预期效果，就应采用系统工程的方法，对水体污染控制问题进行深入细致的研究。

在水体污染控制的初期，人们对水体污染的控制还处于初级阶段。面对日异严重的水体污染，采取的是"排出口处理"的方法控制污染。这种"头痛医头，脚痛医脚"的治理方法虽然可以使环境在局部上的具体污染问题得以改善，如第一代污染问题——水体因有机污染缺氧而造成水生动物大量死亡问题得以解决，但是单纯运用这种"排出口污水处理技术"，不仅耗资巨大、经济效益低，而且可能因为过量地使用能源和其他资源而构成新的污染。同时，这种处理方法大量采用后，许多国家仍然普遍存在着水体富营养化以及特殊有毒、致癌物质的污染问题——即第二代污染问题。对于出现的新一代污染问题，更不是仅采用"排出口处理"方法能解决得了的。

60年代末期以后，环境污染的控制进入了新的阶段——综合防治污染的阶段。这一阶段中，除继续研究和发展各种控制污染的新技术、新方法外，更注重于研究和发展综合防治的措施，并提出一些具有代表性的措施或重要的技术方针。

1. 开展环境影响的预评价

开展环境影响预评价，是对拟建工程中能产生环境影响的工程项目，包括各种不同的开发方案或不同的环保措施，作出环境影响的评价、预测和选择。

2. 开发无污染工艺，实行闭路循环或废物资源化

在工业生产中积极推广无污染或少污染的新工艺；在农业生产上利用生态规律与生物技术提高农作物的产量与防治病虫害，以减少化学药品对水体的污染；对工业生产中流失的水及其他物料，采用闭路循环和回收处理，不断提高水的重复利用率和其他物料的回收率，达到节约用水和减轻自然界压力的目的。

3. 开展区域综合治理

水污染控制，首先从区域综合治理入手是最重要的。区域综合治理，就是按照当地的生态条件和环境质量目标，全面统一地研究各种治理措施和实施方案，通过系统优化，最终给出区域综合治理的最优方案。

4. 加强环境管理，研究环境保护与经济发展的协调关系

由于环境污染所造成的经济损失是巨大的，世界上一些经济学家已经指出"环境问题已引入经济理论领域，新的经济理论应面向资源、面向环境"。目前，国际上普遍认为：由于发展经济所引起的环境破坏以及付出的社会代价，应由"污染者支付"，并应将这一原则法律化。

我国1989年颁布的《中华人民共和国环境保护法》中第四条明确指出："国家制定的环境保护规划必须纳入国民经济和社会发展计划，国家采取有利于环境保护的经济、技术政策和措施，使环境保护工作同经济建设和社会发展相协调。"同时该法第二十四条规定："产生环境污染和其他公害的单位，必须把环境保护工作纳入计划，建立环境保护责任制度；采取有效措施，防治在生产建设或其他活动中产生的废气、废水、废渣、粉尘、恶臭气体、放射性物质以及噪声、振动、电磁波辐射等对环境的污染与危害。"第二十五条又规定："建设项目中防治污染的设施，必须与主体工程同时设计、同时施工、同时投产使用。"以上条款，表明了国家采取的经济建设与环境保护协调发展、谁污染谁治理、工程建设与环保设施设计、施工、投产三同时的原则。

总而言之，环境污染与控制都不是孤立的，它们是社会发展在一定的经济技术条件下，人类活动与生态平衡、经济发展与环境质量、污染物排放与环境容量、人工处理与自然净化、区域污染控制与局部污染治理等一系列关系的协调与失调问题。要处理好这一系列的关系，运用系统工程的方法可以得到令人满意的答案。

二、水体污染控制系统

水体污染控制系统是指在某一水体范围内，各种水体污染与污染控制因素及其他有关因素组成的与水体污染控制问题相关的有机整体。在大多数情况下，水体污染控制系统涉及面广、影响因素错综复杂，任何采取单一因素控制污染的方法都难以取得最佳的污染控制效果。由于水体地域的差异，污染因素、污染控制因素及其他有关因素的差别，每一系统又都具有自己特点。因此，研究水体污染控制系统问题，应采用"系统工程"这种追求系统整体最优的方法。

图2-2表示某河流流域水污染控制系统组成。各种点、面污染源产生的废水经多种途径进入河流，对河流造成污染。整个系统可以看作由四个部分组成，即：污染源系统，输水系统、处理系统和水体系统。如何使该系统在尽可能少投入的情况下，充分利用环境的自净能力，尽量减少环境污染给水域带来的影响，取得最大的流域利用效益，就是流域水污染控制系统要达到的最终目的。

系统工程是一种源于实践，经过经验总结，提高上升为理论，再返回指导工程实践的一种新的管理技术。这种技术也被称为是软科学技术。系统工程的技术理论基础有运筹学、控制论、信息论、系统论、应用数学等。应用系统工程方法研究水体问题，可以借助于电子计算机，运用数学模型模拟的方法对水污染环境系统进行动态分析和预测，避免了破坏性实验给系统带来的不可恢复性的伤害。运用系统工程进行研究的最终目的，是使"系

统"整体达到最经济、最有效的水平,这对于我国目前所处的经济发展阶段来说,尤为显得重要。系统工程研究过程强调定量化、程序化和计算机化,因此系统工程技术是对系统的组织管理从定性转为定量的管理技术。这对所有其他系统来说,具有普遍的意义。

三、水体污染控制规划与对策

(一) 水污染控制系统规划问题的类型

从水污染控制系统的不同范围和内容来看,水质系统的规划问题可以区分为各种不同层次的互相关联的规划问题。

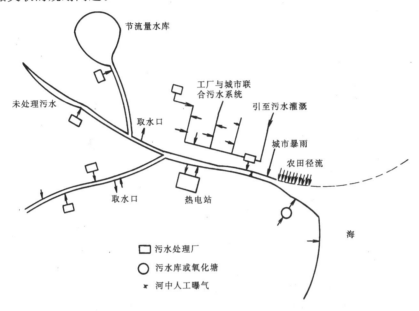

图 2-2 河流流域污染控制系统组成结构示意

1. 河流流域规划

进行河流流域水质规划的目的,就是使整个流域内的水质达到规定的指标,并且要保护轻污染、微污染和无污染水体的水质不致于下降。按照规划的目标,确定流域中各河段的水质标准和该段河流允许的污染物排放量,并将其分配至各个点污染源。流域污染控制系统规划的任务具有长期性,在对流域现状进行污染控制系统规划的同时,还要对整个流域需要新建、扩建的污水处理厂,允许增设新的排污点及允许排污量提出规划意见。这种流域水污染控制规划,不仅与污染因素、污染控制因素等直接因素有关,而且还要考虑城市建设或工农业生产发展规划对流域水质的影响。

2. 区域规划

区域规划是指河流流域范围内,污染与污染控制因素关系复杂而且作用相对集中区域的水体污染控制系统的规划,如城市或工业区的水体污染控制系统规划等。区域规划的目的是估算各种控制水质的方案并作出管理部门可以执行的计划。区域规划突出的特点是区域内的水质统一进行规划,在保证区域水质满足使用要求的前提下,尽可能地利用区域水体范围内环境容量提供的污染控制能力,以最低限度的资金投入,达到控制污染的目的。一般情况下,区域规划要解决的主要问题是制订各工业污染源的允许排污标准及制定该区域污水处理厂(或其他水处理设施)的建设规划。

3. 污水处理设施规划

污水处理设施规划的主要任务是为维护和改善河流水质，规划出污水处理设施。规划中应调查已有的污水处理设施，估算各种废水处理和处置方案，并根据环境、社会和经济的综合因素，选择总体投资最小、收益最大的方案。

(二) 水污染控制系统规划问题的优化

1. 水污染控制系统的最优规划

水污染控制系统的最优规划是应用数学规划方法，科学地组织污染物的排放和充分调动各种污染控制能力并使其得到最大限度地发挥，以尽量小的人为代价达到规定的水质指标。以下为几种常见最优规划问题：

(1) 排放口最优化处理：当某河段同时接纳若干个污水排放口时，寻求满足水体水质要求的各排污点最佳处理效率的组合。

(2) 最优化均匀处理：在一个排水区域内，寻求污水处理厂最佳位置、数量与污水输送管道长度的最佳组合。这一问题也称为"厂群规划"问题。

(3) 区域最优化处理：综合考虑水体自净、污水处理、管道输送三方面的因素，使整个区域水体污染控制的投资费用最低。

2. 规划方案的模拟优选

规划方案的模拟优选与最优规划方法不同。在进行模拟优选时，它的工作程序是先进行污水输送与处理设施的规划研究，提出各种可供选择比较的可能方案，按照各种方案确定相应的数学模型，然后对各种方案中的污水排放与水体之间的关系进行模拟计算，检验各规划方案的可行性，最后找出这些方案中的最佳方案。这种方法虽然难以找到真正的最优解，但它比较密切地结合和发挥了现有专家的经验。在限于时间或研究水平等无法取得最优规划所需要的数据时，模拟规划法是一种既实用又能保证效果的有效途径。

(三) 水污染控制系统规划的经济评价

水污染控制系统规划的核心内容，是以最小的代价使水体成为人类生存和持续发展的良好资源。因此，对水污染控制系统规划的经济评价，是进行系统规划评价的主要内容，其中最重要的是进行水污染控制系统规划的收益与费用分析。

水污染控制所去除污染物的总量与收益和费用之间存在如下关系：当生产单位产品产生的污染物数量一定时，去除的污染物数量越大，去除单位污染物所需费用就越大，由单位产品产生的收益就越小。

污染控制系统规划的收益与费用，总体上可分为两大部分：(1) 有关人为活动的收益与费用，包括污染源的回收与处理，污水的输送与处理，水体治理方面的活动等；(2) 有关水资源的污染及其控制造成的社会收益与费用。水资源污染造成的直接影响，如鱼类品种的减少、渔场的破坏、藻类养殖受损、水体天然再生能力降低、工农业及生活用水受影响等。间接影响包括自然风光的破坏、名胜古迹的损伤、人体健康的影响、环境生态平衡的不可逆破坏等。在这些因素中，有些因素造成的经济损失可以进行量化计算，而有些则不能进行精确的经济估价。但是，这些因素造成的经济影响是显而易见的，在进行经济分析时必须认真进行分析研究。

综合分析水污染控制系统规划中各项收益与费用项目的经济价值，认真对比各种可行方案的经济性，从中找到最佳的规划方案，是水污染控制系统规划经济评价的中心任务。

（四）水污染控制系统规划的过程与步骤

水污染控制系统规划的过程大体可分为四个阶段，即规划目标、确立方案、系统优化、评价决策。（1）规划目标阶段：主要问题是明确规划的目的，提出污染控制的方向和要求。为此，首先要进行待规划区域的水污染状况摸底调查，尽可能为后续的工作收集有关信息。（2）确立方案阶段：主要任务是将整个水污染控制系统规划中的各项指标定量化，并建立系统各子项目的数学模型和系统综合数学模型。建立这些数学模型需要进行大量基础数据（如水文资料、地质资料、各污染控制点的污水排放资料以及水体的工业、农业、渔业、旅游业产值与水污染程度的关系资料等）的整理、分析和计算工作。（3）系统优化阶段，主要是研究水污染控制系统规划在各种影响因素的作用下，分析各水污染控制系统规划方案可能的运行结果，并寻求其中可能产生最小费用的方案。（4）评价决策阶段，主要的问题是根据系统优化分析提供的数据，结合一些难以量化的因素（如政策法规、社会意识、生态环境等）可能对系统产生的影响，对水污染控制系统规划进行综合评价和作出最终决策。

思 考 题

1. 地表水、地下水水质有何特点？其水质与哪些因素有关？
2. 什么是水体污染？水体污染受哪些作用的影响，与哪些因素有关？
3. 常见的重金属物质有哪些？它们污染水体有哪些特点？
4. 无机非金属毒物、有机毒物、耗氧有机物的种类及其污染特性是怎样的？
5. 什么是水体的富营养化？水体富营养化有什么危害？
6. 常见的病原微生物有哪些？它们的污染特点是怎样的？
7. 水体污染调查的方法有哪些？应按怎样的程序进行？
8. 布设水环境污染监测点的原则是什么？
9. 如何进行地表水和地下水的采样？
10. 怎样确定采样项目和采样频率？
11. 水体污染预测的数学模型有哪些？
12. 什么是水体污染的损益分析？它有哪些基本方法？
13. 水环境污染控制经历了那几个阶段？
14. 应采用怎样的方法进行水环境污染的控制？
15. 为什么要用系统工程的方法解决水环境污染控制与规划问题？

第三章 水资源的计算与评价

第一节 水资源的计算

要开发利用好水资源,长期真正做到人类与自然的协调发展,了解和确定水的资源量、范围和相互关系是十分重要的。只有对水的资源量有了一定的认识,评价利用和控制水资源才有了可能。水资源的计算主要研究在一定范围内水资源量及其随时间变化的规律。

一、降水量计算

降水是陆地上水资源唯一的来源,降水量是水资源计算的基础资料之一。降水量主要依据一定范围内多年收集的降水资料,进行统计分析得出。

(一)区域降水量

在一般情况下,降雨过程在比较小的面积上的降雨量可以认为是均匀的。当面积稍大一些时,在同一时间内,降雨量就有可能因地区的不同而有所区别。对于面积较大的区域,降雨量不均匀的问题有时会更为明显。因此,在同一计算区域内,降雨量的计算应根据该区域降雨的特点,采用不同的统计计算方法进行。

1. 算术平均值法

当计算区域内各雨量取样站点分布较均匀、且密度较大时,可采用算术平均值法:

$$\overline{X} = \frac{x_1 + x_2 + x_3 + \cdots + x_n}{n} \tag{3-1}$$

或

$$\overline{X} = \frac{\sum_{i=1}^{n} x_i}{n} \tag{3-2}$$

式中 $\overline{X}$——计算区域平均降雨量,mm;

x_i——第 i 个采样点的雨量值,mm;

n——采样点个数。

2. 泰森多边形法

当流域内的雨量和雨量站分布不太均匀时,为了计算流域平均降水量,就假定流域各点的降水量可由与其距离最近的雨量站的雨量代表。这样,为了确定出各雨量站所代表的面积,可采用泰森多边形法。先将各采样点每相临两点间用直线连接,并让其构成三角形网,然后分别作各三角形每条边的垂直平分线,并让其彼此相交,这些垂直平分线及其交点将围绕采样点形成相应的多边形封闭区域,这一封闭区域称之为泰森多边形,(如图3-1)。图中1、2、3、4为计算区域内的雨水量采样点。泰森多边形法是以围绕各采样点形成的相应多边形封闭区域所代表的采样面积为权重,即 $A_i = f_i/F$,采用加权平均的方式进行雨量计算的方法,雨量计算如式(3-3)。

$$\overline{X} = \frac{x_1 f_1 + x_2 f_2 + \cdots + x_n f_n}{f_1 + f_2 + \cdots + f_n} \tag{3-3}$$

或

$$\overline{X} = \frac{\sum_{i=1}^{n} f_i x_i}{\sum_{i=1}^{n} f_i} = \frac{1}{F} \sum_{i=1}^{n} f_i x_i = \sum_{i=1}^{n} A_i x_i \tag{3-4}$$

式中　　$\overline{X}$——区域平均降雨量，mm；

x_1、x_2、x_3、…、x_n——各采样点降雨量，mm；

f_1、f_2、f_3、…、f_n——各采样点相应划分面积，km²；

F——流域面积，km²。

3. 等雨量线法

在较大流域和区域内，如地形起伏较大，对降水量影响显著，且有足够的雨量站时，可用等雨量线法推求流域平均流量。等雨量线的绘制方法与地形图等高线的绘制方法相类似，如图3-2所示。图中有1、2、3三个雨量采样点，其雨量分别为300mm、400mm、500mm。等雨量线的绘制，可先将1、2、3三点用直线连接，再采用直线插补法按雨量差为50mm绘制等雨量线。雨量的计算，可取两相邻雨量线雨量的均值作为该区间面积上雨量值，以两等雨量线间的面积为权重，采用加权平均法进行雨量计算，如式（3-5）、式（3-6）所示。

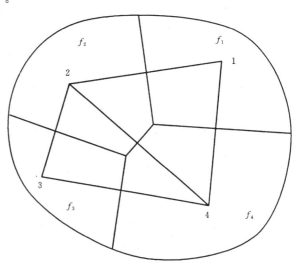

图 3-1　泰森多边形法区域面积划分示意图

$$\overline{X} = \frac{x_1 f_1 + x_2 f_2 + \cdots + x_n f_n}{f_1 + f_2 + \cdots + f_n} \tag{3-5}$$

或

$$\overline{X} = \frac{\sum_{i=1}^{n} f_i x_i}{\sum_{i=1}^{n} f_i} \tag{3-6}$$

式中　　$\overline{X}$——区域平均降雨量，mm；

f_1、f_2、f_3、…、f_n——两等雨量线间的部分流域面积，km²；

x_1、x_2、x_3、…、x_n——两等雨量线间各面积上的平均降雨量，mm。

除面积划分与各面积上雨量均值的计算方法与泰森多边形法不同外，等雨量线法雨量计算公式与泰森多边形法雨量计算公式（3-3）、（3-4）形式相同。

(二) 年降水量频率

1. 采样点年降水量频率

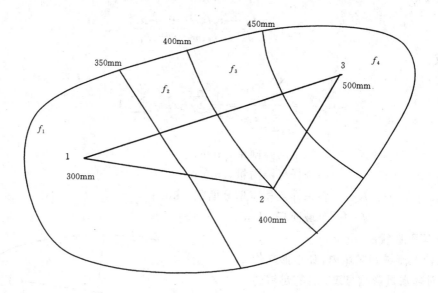

图 3-2 等雨量线法面积划分示意图

在进行采样点年降水量频率计算时，先将该采样点收集的各年降水量数据按由大到小的顺序依次排列，并用式（3-7）计算其降水量频率：

$$P = \frac{m}{n+1} \times 100\% \tag{3-7}$$

式中 P——年降水量经验频率，%；
n——年降水量数据统计年数；
m——年降水量由大到小排列的序列数。

2. 区域年降水量频率

区域年降水量频率计算应按式（3-3）或式（3-4）先计算区域年平均降水量，然后将区域年平均降水量按由大到小的顺序排序，再利用式（3-7）计算区域年降水量经验频率。

（三）降水资源量

区域降水资源量可用下式计算：

$$W = F \cdot \overline{X} \tag{3-8}$$

式中 W——降水资源量，m^3；
F——区域面积，km^2；
$\overline{X}$——区域平均年降水量，mm。

二、地表水资源计算

地表水资源量主要包括：区域地表水入境水量，地表径流量，地表水降水补给量，地表水蒸发损失量，地表水入渗损失量，湖泊、水库调蓄量等。由于地表水资源量受气候年际变化的影响较大，在进行水资源量计算时，应考虑各种地表水资源量的年内和年际变化。

（一）区域径流总量的计算

1. 代表站法

在计算区域内，选择有代表性的观测站，根据多年观测资料，计算该测站河流多年平均径流总量，并经频率分析计算得出该区域不同频率下的径流量。再根据观测站计算的结果，求出计算区域内多年平均径流总量，如式（3-9）。

$$\overline{Y_\text{F}} = \frac{F}{f} \cdot \overline{Y_\text{f}}$$ (3-9)

式中　$\overline{Y_\text{F}}$——计算区域多年平均径流量，m³/s；

　　　$\overline{Y_\text{f}}$——代表站控制区域内多年平均径流量，m³/s；

　　　F——计算区域总面积，km²；

　　　f——代表站控制面积，km²。

2．等值线法

当计算区域缺乏实测资料，而包括计算区域的更大区域可提足够的资料时，可采用这种方法推求计算区域的年或多年平均径流深度。

年平均或多年平均径流深度区域划分的方法可参考图3-2，计算区域年平均或多年平均径流深度的计算方法与等雨量线法基本相同，如式（3-10）。

$$\overline{Y_\text{d}} = \frac{\sum_{i=1}^{n} f_i Y_i}{\sum_{i=1}^{n} f_i}$$ (3-10)

式中　　　　　$\overline{Y_\text{d}}$——计算区域年或多年平均径流深度，mm；

$f_1、f_2、f_3、\cdots、f_n$——计算面积上各径流深度等值线间面积，km²；

$Y_1、Y_2、Y_3、\cdots、Y_n$——相应各线间面积上的径流深度值，取相邻两等值线均值计算，mm。

采用等值线法时，应同时考虑计算面积与包括计算面积的更大区域之间降雨量、径流系数等水文要素的差别对计算结果的影响。当降雨量、径流系数等参数的相关程度明显时，可用降雨量、径流系数对计算结果进行修正，按式（3-11）计算。

$$\overline{Y_\text{x}} = \frac{\overline{\alpha_\text{x}} \cdot \overline{X_\text{x}}}{\overline{\alpha_\text{d}} \cdot \overline{X_\text{d}}} \cdot \overline{Y_\text{d}}$$ (3-11)

式中　$\overline{Y_\text{x}}、\overline{Y_\text{d}}$——计算面积上年或多年径流深度修正值、等值线法计算值，mm；

　　　$\overline{\alpha_\text{x}}、\overline{\alpha_\text{d}}$——计算面积上径流系数、包括计算面积的更大区域上的径流系数；

　　　$\overline{X_\text{x}}、\overline{X_\text{d}}$——计算面积上降雨量、包括计算面积的更大区域上的降雨量，mm。

（二）区域地表水总量计算

区域地表水总量主要由区域入境水量、区域自产水量与区域基本水量组成，区域地表水总量可用式（3-12）进行计算。

$$\overline{W_\text{T}} = \Delta \overline{W_i} + \Delta \overline{W_z} + \overline{W_\text{min}}$$ (3-12)

式中　$\overline{W_\text{T}}$——区域年或多年平均地表水总量，m³；

　　$\Delta \overline{W_i}$——区域年或多年平均地表水入境水量增量，以区域年或多年平均入境径流总量与出境径流总量的差值进行计算，m³；

　　$\Delta \overline{W_z}$——区域年或多年平均地表水自产水量，指区域年或多年因降雨、蒸发等因素作用下，以径流深度表现的区域地表水总量的增量，m³；

　　W_min——区域年或多年平均地表水以河床、水库、湖泊等形式储藏水量的最低储量，m³。

（三）区域地表水总量的变化规律

区域地表水总量组成中,区域地表水入境水量增量与地表水自产水量两部分变化频繁,它们在年内或在多年中的变化规律决定了区域地表水总量的年内与年际分配。区域地表水总量的变化规律,根据所研究的问题不同,常常用以下几种方式进行描述。

1. 多年平均地表水总量的年内分配

多年平均地表水总量的年内分配,往往采用多年平均的年内各月的地表水总量进行计算,用直方图进行表示。

2. 不同频率下的地表水总量

根据区域地表水各年总量计算的结果,可以对区域地表水总量进行频率分析。先将该区域计算得出的各年地表水总量数据按由大到小的顺序依次排列,并用式(3-13)计算其地表水总量频率:

$$P = \frac{m}{n+1} \times 100\% \tag{3-13}$$

式中　P——区域地表水总量经验频率,%;

　　　n——区域地表水总量数据统计年数;

　　　m——区域地表水总量由大到小排列的序列数。

3. 地表水总量的年际变化

地表水总量随年份的不同而改变,形成枯水年、平水年与丰水年。研究地表水总量的年际变化规律,对于合理开发利用地表水资源是十分重要的。尤其是掌握长系列地表水总量的资料,对于其变化规律的研究十分重要。在对长系列地表水总量资料进行分析时,注意连续丰水年与连续枯水年对地表水总量的影响,是非常必要的。地表水总量的年际变化,与区域范围内的降雨规律有极为密切的相关关系,研究降雨量对区域地表水总量的影响,找出它们之间的内在联系,对分析地表水总量的变化有着积极的意义。

三、地下水资源计算

(一)贮存量的计算

1. 容积贮存量

$$Q_v = \mu_v \cdot H \cdot F \tag{3-14}$$

式中　Q_v——容积贮存量,m³;

　　　μ_v——含水层的给水度,无量纲;

　　　H——含水层的厚度,m;

　　　F——含水层的分布面积,m²。

2. 弹性贮存量

$$Q_e = \mu_e \cdot h \cdot F \tag{3-15}$$

式中　Q_e——弹性贮存量,m³;

　　　μ_e——承压含水层弹性释水系数,无量纲;

　　　h——承压含水层的承压水头,m;

　　　F——承压含水层的分布面积,m²。

承压含水层弹性释水系数 μ_e 可按式(3-16)计算:

$$\mu_e = \mu_1 \cdot M \tag{3-16}$$

式中　μ_1——承压含水层弹性释水率(或比释水系数),1/m,根据式(3-15)、式(3-16)可导出：

$$\mu_1 = \frac{Q_e}{h \cdot M \cdot F} = \frac{Q_e}{h \cdot V} \tag{3-17}$$

式（3-17）表明，承压含水层弹性释水率 μ_1，是指在单位抽水降深（m）的情况下，承压含水层单位体积（m³）的释水量（m³）。承压含水层各种岩性的弹性释水率 μ_1，可参见表3-1。

承压含水层各种岩性的弹性释水率 μ_1　　　　　表3-1

岩　性	弹性释水率	岩　性	弹性释水率
塑性粘土	$1.9\times10^{-3} \sim 2.4\times10^{-4}$	密实砂土	$1.9\times10^{-5} \sim 1.3\times10^{-5}$
固结粘土	$2.4\times10^{-4} \sim 1.2\times10^{-4}$	密实砂砾	$9.4\times10^{-6} \sim 4.6\times10^{-6}$
稍硬粘土	$1.2\times10^{-4} \sim 8.5\times10^{-5}$	裂隙岩层	$1.9\times10^{-6} \sim 3.0\times10^{-7}$
松散粘土	$9.4\times10^{-5} \sim 4.6\times10^{-5}$	固结岩层	3.0×10^{-7}以下

（二）地下水补给量的计算

1. 大气降水入渗补给量

大气降水入渗补给量与包气态带的厚度、岩性、地形地貌、降水量、降雨强度等因素有关，大气降水入渗补给量按式（3-18）计算：

$$Q_{ys} = 1000\alpha \cdot X \cdot F \tag{3-18}$$

式中　Q_{ys}——大气降水入渗补给量，m³；

　　　α——降水入渗补给系数，$\alpha<1$；

　　　X——计算区域范围内的年降水量，mm；

　　　F——计算区域面积，km²。

降水入渗补给系数 α 值与地形地貌、土壤岩性、年降水量、地下水埋深等因素的变化有关，某地区降水入渗补给系数 α 值见表3-2。

某地区降水入渗补给系数 α 值　　　　　表3-2

岩　性	降水量 (mm)	地　下　水　埋　深 (m)					
		1～3		3～6		>6	
		山　区	平　原	山　区	平　原	山　区	平　原
亚粘土	300～600		0.07～0.19		0.13～0.23		
	600～800	0.15～0.29	0.12～0.26	0.25～0.30	0.23～0.31		0.18
亚砂土	300～600	0.07～0.23	0.09～0.21	0.16～0.24	0.14～0.24		0.09
	600～800	0.14～0.29	0.14～0.28	0.26～0.31	0.24～0.31		0.19
细粉砂	300～600		0.06～0.26		0.17～0.27		0.12
	600～800	0.17～0.35		0.31～0.36			0.23

2. 地表水入渗补给量

当地表水体（河流、湖泊等）的水位高于地下水位时，地表水将入渗补给地下水。河流入渗补给量可用水文分析法求得，如图3-3所示。在计算区域的待测河段上，选择初 S_c、终 S_z 两个实测断面，其间距大于1000m，并同时用式（3-19）进行计算。

$$Q_{hs} = (Q_c - Q_z) \cdot (1 - \lambda) \tag{3-19}$$

式中　Q_{hs}——计算区域内地下水河流入渗补给量，m³/s；

Q_c、Q_z——计算区域待测河段初断面 S_c、终断面 S_z 上分别测得的河段入流流量 Q_c 与出流流量 Q_z，m³/s；

λ——河道输水损失系数，为测流期间河流水面蒸发、浸润河岸潜水蒸发总量与初、终断面 S_c、S_z 流量差（$Q_c - Q_z$）的比值。λ 值可参考表 3-3 选取。

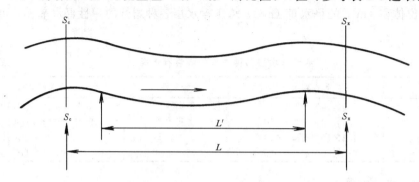

图 3-3 河流入渗补给量计算示意图

L—测流断面应有间距（>1000m）；L'—实际测流断面间距

为保证测量精度，当两流量测点断面间的实际间距不足时，应按式（3-20）进行修正：

$$Q_{hs} = \frac{Q'_{hs}}{L'} \cdot L \tag{3-20}$$

式中 Q'_{hs}——计算区域内地下水河流入渗补给量测定时，两流量测点断面间的实际间距 L' 为不足 1000m 时，相应于 L' 时的河流入渗补给量，m³/s；

L、L'——两断面间的矩离，m；L 为超过 1000m 时，两流量测点断面间的实际间距，L' 为不足 1000m 时，两流量测点断面间的实际间距；

其他符号同前。

河 道 输 水 损 失 系 数　　　　　表 3-3

河道输水损失系数	河床岩层性质		
	土质河道	中、细砂质河道	砂、砾石河道
λ	0.45	0.25	0.15

3. 灌溉水入渗补给量

灌溉农作物的水进入田间后，同样可以入渗补给地下水，其补给情况与一次降雨过程产生的入渗补给非常相似。灌溉水入渗补给量与农田的土壤特性、地下水水位及灌溉水量等因素有关。灌溉水入渗补给量可用式（3-21）计算：

$$Q_{gs} = \beta \cdot n \cdot q \cdot F \tag{3-21}$$

式中 Q_{gs}——年农田灌溉水入渗补给量，m³/a；

β——农田灌溉水入渗补给系数（或灌溉回归系数），等于灌溉水入渗补给量与灌溉水用量的比值，$\beta < 1$。在缺乏实验资料的地区，可采用降水前土壤含水量低、次降水量大致相当于每次灌溉定额情况下的次降水入渗补给系数近似表示；

n——年农田灌溉次数，次/a；

q——农田每次灌溉定额，m³/（次·ha）；

F——农田灌溉区域面积,以公顷计,ha。

4. 地下水侧向补给量

地下水侧向补给量是指计算区域上游方向的地下水,通过该区边界地下侧向过流断面入渗的地下水量。地下水侧向补给量在计算区域内的地下总量中,占有较大的比重,是一种稳定的、可开发利用的地下水源。侧向补给量计算一般采用断面法,即沿计算区域上游补给边界作剖面,按达西渗流公式计算,如图 3-4,用式(3-22)计算:

$$Q_{cb} = K \cdot J \cdot h \cdot B \tag{3-22}$$

式中 Q_{cb}——计算区域侧向补给量,m³/d;

K——含水层渗透系数,m/d;

J——计算区域上游补给边界处地下水水力坡度,无因次;

h——计算区域上游补给边界处地下水含水层厚度,m;

B——计算区域上游补给边界处地下水含水层过流断面宽度,m。

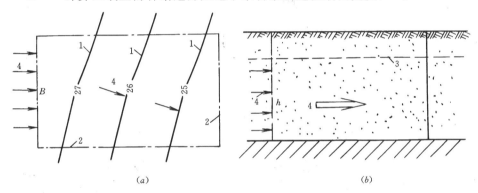

图 3-4 地下水侧向补给计算示意图
(a) 平面图;(b) 剖面图
1—等高线;2—补给边界;3—地下水位;4—地下水流向

5. 越流补给量

两个相邻的含水层间的间隔层为弱透水层,且两含水层水位不同时,则高水位含水层中的地下水可透过间隔层补给低水位含水层,这种现象称为越流补给,如图 3-5 所示。越流补给水量的多少,主要取决于两含水层间的地下水水位差和弱透水层的透水性,与间隔层所处空间位置的高低无关。越流补给量的计算可按达西渗流公式,用式(3-23)计算:

$$Q_{yb} = K' \cdot \frac{\Delta h}{m'} \cdot F \tag{3-23}$$

式中 Q_{yb}——计算区域越流补给量,m³/d;

K'——间隔层渗透系数,m/d;

Δh——计算区域内地下水越流补给区两含水层地下水水位差,m;

H——计算区域内地下水越流补给区两含水层间隔厚度,m;

F——计算区域内地下水越流补给区面积,m²。

K'/m' 称为越流补给系数。显然,越流量与间隔层的透水性能成正比,与间隔层的厚度成反比。一般情况下,K'/m' 值很小,但由于计算区域内地下水越流补给区面积非常之大,所以越流补给量还是相当可观的。

(三) 地下水排泄量的计算

地下水的排泄方式有：泉水溢出、潜水蒸发、含水层地下水侧向流出、向地表水体排泄、含水层之间的排泄及人工开采等。在地下水排泄过程中，地下水的水量、水质及水位都会随之发生变化，所以地下水排泄量的计算是地下水资源计算与评价的重要内容之一。

1. 潜水蒸发量

潜水蒸发量是地下水排泄的主要方式之一。潜水蒸发必然通过包气带向大气层消散，所以蒸发量的大小与潜水埋深、包气带岩性、气候条件以及地面植被情况等有密切关系。随着潜水埋深的增大，蒸发量逐渐减少，当埋深达到一定深度后，潜水蒸发趋近于零，这一深度称为潜水蒸发的极限深度，某地区潜水蒸发的极限深度见表3-4。

某地区潜水蒸发的极限深度　　表3-4

岩 性	极限深度（m）	岩 性	极限深度（m）
亚粘土	5.16	粉细砂	4.10
黄质亚砂土	5.10	砂砾石	2.38
亚砂土	3.95		

潜水蒸发量（或蒸发强度）通常采用经验公式（3-24）计算：

$$E = E_0 \left(1 - \frac{\Delta}{\Delta_0}\right)^n \tag{3-24}$$

式中　E——潜水蒸发量，以单位时间内蒸发的水层厚度计，mm/a 或 mm/d；

　　　E_0——水面蒸发量（或蒸发强度），mm/a 或 mm/d；

　　　Δ——潜水埋深，m；

　　　Δ_0——潜水蒸发的极限深度，m；

　　　n——与土壤性质和植被相关的指数，1~3。

上述公式较适用于亚粘土、亚砂土等土壤，对于粘土层则误差较大。

一般潜水蒸发量的资料较少，水面蒸发观测则相对较易，资料也较多。利用现有资料求得二者间的关系，则可借助于水面蒸发量资料计算潜水蒸发量。潜水蒸发量E与水面蒸发量E_0的比值称为潜水蒸发系数C，以百分数表示，即：

$$C = \frac{E}{E_0} = \left(1 - \frac{\Delta}{\Delta_0}\right)^n \tag{3-25}$$

式中　C——潜水蒸发系数，以百分数表示，%；

　　　其他符号同前。

根据长期观测资料可求得多年平均潜水蒸发系数，表3-5给出了某地区年潜水蒸发系数。

某地区年潜水蒸发系数　　表3-5

地表覆盖作物情况	潜水含水层埋深（m）							
	0.5	1.0	1.5	2.0	2.5	3.0	3.5	4.0
有作物	63.4	38.5	13.9	7.0	4.3	2.9	2.0	1.7
无作物	33.0	14.5	5.3	3.4	2.9	2.1	1.9	1.7

当潜水蒸发系数C为已知时，即可根据当地水面蒸发强度E_0，按式（3-25）求得潜水

蒸发量 E。

2. 地下水向河道排泄量

当地下水位高于河道水位时,地下水将向河道排泄,如图 3-5 所示。可利用两个断面

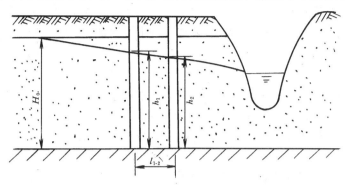

图 3-5 地下水向河道排泄示意图

(如两井孔)实测的水文地质参数,采用达西定律计算地下水向河渠的排泄量:

$$Q_{hp} = \omega \cdot K \cdot J = B \cdot \frac{h_1 + h_2}{2} \cdot K \cdot \frac{h_1 - h_2}{l_{1-2}} \quad (3-26)$$

式中 Q_{hp}——地下水向河流一侧的渗流量,m³/d;

ω——地下水向河流一侧渗流的过流断面面积,m²;

B——地下水向河流一侧渗流的过流断面宽度,m;

h_1,h_2——沿地下水流向两观测井内水位标高,m;

l_{1-2}——沿地下水流向两观测井间距,m;

其他符号同前。

3. 地下水侧向流出量

地下水侧向流出量是指计算区域内地下水向下游的流出量,是地下水主要的消耗量之一。地下水侧向流出量的计算与地下水侧向补给量的计算方法完全相同,可按式(3-22)进行计算。此时,应注意计算区域地下水为上游而侧向地区地下水应为下游,式中的参数应将下游处的断面面积、地下水水力坡度值代入计算。

4. 越流排泄量

越流排泄量与越流补给量是相对的,即由高水位的含水层通过弱透水层向低水位的含水层排泄。二者的计算公式也是相同的,只是前者是计算区域的含水层得到补给,后者是计算区域的含水层排泄地下水。

5. 泉

泉是地下水的天然露头。它形成于含水层或含水通道与地面交汇处。潜水含水层形成的泉称为下降泉,承压含水层形成的泉称为上升泉。

泉一方面可以直接作为供水水源,如山西省平定县娘子关泉群,共计流量达 1m³/s,已用作大型供水水源;另一方面,它又是地下水的主要排泄方式之一,尤其对于山区地下水更是如此。通过对泉的调查、测量,可以得到泉水的流量及随时间的动态变化,地下水的类型、化学成分,补给、径流、排泄的关系及动态、均衡等方面的资料,并可将其用于地下水资源的计算与评价。

6. 人工开采地下水

人工开采地下水是地下水排泄的主要方式之一。城市生活给水、农田灌溉用水、工业企业生产用水、矿坑排水及为降低施工工地的地下水位而排除的地下水，都属于人工开采地下水。人工开采地下水打破了地下水天然状态下原有的均衡条件，可导致地下水补给量和排泄量的增加。因此，人工开采地下水量是地下水资源计算与评价中主要的内容之一。

四、总水资源量计算

（一）总水资源量计算模型

总水资源量是指计算区域地表水资源量与地下水资源量的总和。进行总水资源量计算时，应考虑地表水与地下水存在着相互补给的关系。因此，分别计算地表水资源量与地下水资源量后，合并计算总水资源量时，应将地表水与地下水重复计算的那一部分水资源量从总量中扣除。

计算区域内的总水资源量随各年降水量的不同有年际变化，应计算总水资源量多年统计平均值和年际水资源变化的特征值。

总水资源量计算可采用以下两种模型进行计算。

1. 按地表水、地下水资源量总和进行计算：

$$W_T = W_{db} + W_{dx} - W_{rc} \tag{3-27}$$

式中　W_T——总水资源量，m^3；

　　　W_{db}——地表水资源量，m^3；

　　　W_{dx}——地下水资源量，m^3；

　　　W_{rc}——地表水、地下水相互转换的重复水量，m^3。

2. 按补给条件进行计算：

$$W_T = \Delta W_y + \Delta W_x + W_c \tag{3-28}$$

式中　W_T——总水资源量，m^3；

　　　ΔW_y——地表、地下径流净补给水资源量，m^3；

　　　ΔW_x——降水净补给水资源量，m^3；

　　　W_c——水资源初始储量，m^3。

（二）地表水与地下水相互转化的重复计算

在进行总水资源计算时，往往按式（3-27）所示的模型进行，这就容易造成水资源量的重复计算。例如，已经在所计算区域上游计为地表水资源量的一部分水量，会在径流过程中渗入地下，当本区域下游地区计算地下水资源量时，会将这一部分水作为地表水向地下水的入渗补给量再次计入水资源量。反之，已计入所计算区域上游地下水资源的部分水量，也会作为本区域下游地表水的地下渗流补给而重复计入总水资源量。再如，人工补给地下水，当补给水源取自已计算入资源总量的地表水，则不应将此部分水量再作为地下水资源的补给量而再次计入水资源总量。因此，进行水资源量计算时，一定要根据计算区域的实际情况，分析得出重复计算量，以确保水资源量计算的准确性。

（三）总水资源量计算

对于一个总水资源量调查计算区域来说，水资源量调查计算的工作量非常大，往往需要划分成若干个子项目，由多个工作组共同来完成，因此最终的数据汇总工作就显得十分重要。表3-6是某区域总水资源量的调查汇总数据，由表中结果可见，从各种数据中要找出所需要的数据，必须经过认真的分析才能最终确定。

第二节 水资源量评价

在保护水资源的前提下，对水资源量进行评价，了解区域水资源量与区域所需水资源量之间的供需关系，并在此基础上合理地开发利用水资源，对于实现水资源的可持续开发利用这一目标是十分重要的。

一、地表水与地下水资源量评价

（一）评价的主要任务

地表水与地下水资源量评价的主要任务，是解决一定条件下的水资源量能否满足区域用水量的要求。在确定可开采水资源量时应考虑以下问题：

（1）评价区域内的极限开采量；
（2）评价区域内可利用的自然与人工多年调蓄水量；
（3）评价区域内满足一定保证率的设计年可开采水量；
（4）评价区域内枯水年最不利开采量；
（5）在现有条件下可开采的水资源量；
（6）在保证下游区域水资源量不受影响条件下的本区域开采水量；
（7）保证本区域与下游区域生态环境不受影响时的本区域开采水量。

（二）评价程序

水资源量的评价需要进行大量的调查计算和分析研究工作，这些工作彼此间有着紧密的联系，为使水资源量评价工作能按阶段有序地开展，以避免不必要的重复、交叉和遗漏，评价时建议按以下程序进行。

（1）划定研究区域范围和明确评价对象；
（2）认真分析用水规律及用水安全可靠性等要求；
（3）认真收集查询本区域和上、下游区域的水文、水文地质等资料；
（4）研究、分析和计算区域的地表水与地下水资源量；
（5）对区域用水量和地表水与地下水资源量进行对比分析；
（6）对区域水资源开采的经济效益和社会效益进行适当的分析；
（7）给出水资源量评价的结论。

二、总水资源量评价

进行总水资源量评价时，可先分别进行地表水和地下水资源量的评价，然后再进行综合分析，给出区域总水资源量评价的结论。由于地表水与地下水共同受降雨量变化的影响，其年内与年际变化规律有密切相关的一面；又由于地表水与地下水的形成、运动、补给、排泄、调蓄等规律不尽相同，其年内与年际变化形律又有所区别。所以，在进行总水资源量最终评价时应充分考虑这一点。进行可开采量计算时，应注意用年份相同的地表水与地下水资源量数据进行分析，计算得到相应年份的总水资源量。

总水资源量的评价，可以根据已有的各种资料，分析计算得出其年内与年际的变化规律，根据此变化规律，对比区域用水量、用水规律及用水要求，最终给出总水资源量的评价结论。

总水资源量的评价是水资源评价的重要组成部分,是水资源统一评价的基础。进行水资源统一评价,就是查明地下水与地表水的补给条件、转化关系、开采利用价值及时间、空间的分布规律,其评价的主要内容有以下方面:

(1) 水均衡要素的分析研究;
(2) "三水"转换关系的分析研究;
(3) 水资源的分区研究;
(4) 地表水资源计算;
(5) 地下水资源计算;
(6) 水资源总量的计算;
(7) 可开采利用水量的估算。

根据以上的研究与计算,科学地给出水资源量总量及可开采利用量,为经济合理地开发利用水资源提供依据。

三、水资源量评价基本方法

(一) 简单水量对比法

按照拟开发利用地表水或地下水的水资源特性,进行调查研究和分析计算,给出开采对象可能提供的水资源总量,将此可利用水量与所需用水量进行分析比较,最终得出该地区水资量能否满足开采需要的结论。这种水资源量的评价方法,往往用于水资源量的区域规划和大型建设项目的可行性研究。

(二) 典型年法

无论是地表水还是地下水,其水资源量均随年份的不同而发生年际变化。为确保所需开采的水量,必须根据区域用水对供水安全性、可靠性的要求,选取典型年(丰水年、枯水年、平水年、设计年等)分析计算区域总水资源量,进而与所需开采水量进行比较,然后做出水资源量能否满足需要的结论。这种考虑水资源量年际变化,以某典型年份水资源量为评价依据而对水资源量进行评价的方法,称为典型年法。这种方法往往用于区域水资源量的规划与用水开采设计阶段的水资源量评价。

某地区总水资源计算表 表3-6

项目			1	年份						1960~1980年均值
			2	1964	1965	1977	1978	1979	1980	
山区水	入境水	地表水	3	37.23	23.45	20.21	19.47	29.11	18.45	22.49
		地下水	4	0.06	0.06	0.06	0.06	0.06	0.06	0.06
		合计	5	37.29	23.51	20.27	19.53	29.17	18.51	22.55
	自产水	地表水 洪水流量	6	15.74	2.38	12.53	9.39	8.26	1.73	8.65
		地表水 基流量	7	8.51	6.26	8.58	8.06	8.17	3.91	6.97
		地表水 小计	8	24.25	8.64	21.11	17.45	16.43	5.64	15.62
		地下水 降水入渗补给	9	21.27	10.84	19.56	18.32	17.33	10.72	15.85
		地下水 河流入渗补给	10	1.32	1.04	1.42	1.32	1.35	1.47	1.54
		地下水 小计	11	22.59	11.88	20.98	19.64	18.68	12.19	17.39
	合计	地表水	12	61.48	32.09	41.32	36.92	45.54	24.09	38.11
		地下水	13	22.65	11.94	21.04	19.70	18.74	12.25	17.45
		重复量	14	-9.83	-7.30	-10.00	-9.38	-9.52	-5.38	-8.51
		总水资源	15	74.30	36.73	52.36	47.24	54.76	30.96	47.05

续表

项　目			1	年　　份						1960～1980 年均值
			2	1964	1965	1977	1978	1979	1980	
平原区总水资源	入境水	地表水 水库控制水量	16	21.99	29.80	19.91	16.31	29.45	32.97	24.82
		基流量	17	20.95	6.54	15.90	11.20	13.18	5.02	11.97
		小　计	18	42.94	36.34	35.81	27.51	42.63	37.99	36.79
		地下水 侧向径流补给	19	9.81	5.25	8.28	7.65	7.07	4.80	7.31
		合　　计	20	52.75	41.59	44.09	35.16	49.70	42.79	44.10
	自产水	地表水 洪水流量	21	8.73	1.63	6.59	6.07	6.42	1.68	4.64
		基流量	22	8.73	1.63	6.59	6.07	6.42	1.68	4.64
		小　计	23	17.46	3.26	13.18	12.14	12.84	3.36	9.28
		地下水 降水入渗补给	24	18.69	7.87	16.39	15.40	15.98	8.63	13.36
		河水入渗补给	25	6.38	5.29	5.07	3.19	4.66	5.19	5.63
		渠、回灌补给	26	1.77	3.35	5.52	5.27	6.08	7.47	4.13
		小　　计	27	26.84	16.51	26.98	23.86	26.72	21.29	23.12
	合计	合　　计	28	44.30	19.77	40.16	36.00	39.56	24.65	32.40
		地表水	29	60.40	39.60	48.99	39.65	55.47	41.35	46.07
		地下水	30	36.65	21.76	35.26	31.51	33.79	26.09	30.43
		重复量	31	−16.88	−10.27	−17.18	−14.53	−17.16	−14.34	−14.40
		总水资源	32	80.17	51.09	67.07	56.63	72.10	53.10	62.10
总水资源	地表水		33	78.94	35.35	54.50	49.06	58.38	27.45	47.39
	地下水		34	49.49	28.45	48.02	43.56	45.46	33.54	40.57
	重复量		35	−26.71	−17.57	−27.18	−23.91	−26.68	−19.72	−22.91
	总水资源		36	101.72	46.23	75.34	68.71	77.16	41.27	65.05

（三）开采试验法

地表水和地下水资源量，随着各种自然和人为因素的改变，在不断地变化着。其中，水资源总量的补给与排泄，就与水量的开采有着密切的联系。例如，过量地开采地表水，必然会影响地表水向地下水的补给；过量开采地下水，将改变地下径流的水力条件，使地下水的补给量与排泄量发生改变，致使总水资量发生相应变化。此外，其他影响总水资源量的相关因素与总水资源量之间的复杂关系，很难用数学模型进行准确的描述，使得按数学模型计算的总水资源量有一定的偏差。因此，通过开采试验，可以较为准确地确定有关参数与水资源总量。这种通过开采试验确定水资源量的方法称为开采试验法。

第三节　水体质量评价

水体质量评价分为水质评价、地质评价、生物学评价及水体综合性评价。水质评价是水资源评价的重要方面。环境水资源的水质状况，对区域的社会发展和经济建设，会有相当程度的影响。对水资源的水质进行评价，就是根据区域的用水性质，按照相应的指标与水质标准，对水质进行评价。

一、水质指标

在自然水环境中的各种水体，受自然环境与人类活动的影响，都或多或少地含有各种各样的物质。这些物质在水体中的存在，决定了水体的物理、化学和生物性质。水体的水质如何，实际上取决于水体中所含物质的种类与数量。水质指标就是根据某种或某类物质在水中的含量对水的性质产生不同影响而划分，并将其量化为衡量检测项。根据水质指标，我们可以准确的知道某种或某类物质在水中的含量是否超标，并以此推断其对水质所产生的影响。例如，我们知道水中若含有超过一定量的重金属物质——镉，则该水体的水质相对于作为饮用水源或农田灌溉用水来说，就是不适宜的。因此，水体的某项水质指标，就标志着水体相应于某一方面的水的质量。为了对水体的水质有全面地了解，就必须建立多项水质指标，构成水质指标体系，并用该指标体系全面综合地反映水体的水质状况。

二、水质标准

由于从水体中所开采的水会被用于各种不同的目的，因此对水体水质的要求也会各不相同，反映水质的指标体系也必然有所区别。为了保证各种不同用途用水对水质及其安全性等的要求，规范各种水质指标体系，国家制定并颁布实施了一系列水质标准。以下仅为几种常用水质标准。

1. 地面水环境水质标准

见表 3-7。

地面水环境质量标准　　表 3-7

序号	参数	分类				
		Ⅰ类	Ⅱ类	Ⅲ类	Ⅳ类	Ⅴ类
	基本要求	所有水体不应有非自然原因所导致的下述物质： a. 凡能沉淀而形成令人厌恶的沉积物； b. 漂浮物，诸如碎片、浮渣、油类或其他的一些引起感官不快的物质； c. 产生令人厌恶的色、臭、味或浑浊度的； d. 对人类、动物或植物有损害、毒性或不良生理反应的； e. 易滋生令人厌恶的水生生物的				
1	水温(℃)	人为造成的环境水温变化应根制在： 夏季周平均最大温升＜1 冬季周平均最大温降＜2				
2	pH	6.5～8.5				6.5～9
3	硫酸盐*(以 SO_4^{-2} 计)＜	250 以下	250	250	250	250
4	氯化物*(以 Cl^- 计)＜	250 以下	250	250	250	250
5	溶解性铁*＜	0.3 以下	0.3	0.5	0.5	1.0
6	总锰*＜	0.1 以下	0.1	0.1	0.5	1.0
7	总铜*＜	0.01 以下	1.0(渔 0.01)	1.0(渔 0.01)	1.0	1.0
8	总锌*＜	0.05	1.0(渔 0.1)	1.0(渔 0.1)	2.0	2.0
9	硝酸盐(以 N 计)＜	10 以下	10	20	20	25
10	亚硝酸盐(以 N 计)＜	0.06	0.1	0.15	1.0	1.0
11	非离子氨＜	0.02	0.02	0.02	0.2	0.2

续表

序号	参数	分类				
		I类	II类	III类	IV类	V类
12	凯氏氮<	0.5	0.5	1	2	2
13	总磷(以P计)<	0.02	0.1(湖、库0.025)	0.1(湖、库0.05)	0.2	0.2
14	高锰酸盐指数<	2	4	6	8	10
15	溶解氧>	饱和率90%	6	5	3	2
16	化学需氧量(COD_{Cr})<	15以下	15以下	15	20	25
17	生化需氧量(BOD_5)<	3以下	3	4	6	10
18	氟化物(以F^-计)<	1.0以下	1.0	1.0	1.5	1.5
19	硒(四价)	0.01以下	0.01	0.01	0.02	0.02
20	总砷<	0.05	0.05	0.05	0.1	0.1
21	总汞**<	0.00005	0.00005	0.0001	0.0001	0.0001
22	总镉***<	0.001	0.005	0.005	0.005	0.01
23	铬(六价)<	0.01	0.05	0.05	0.05	0.1
24	总铅**	0.01	0.05	0.05	0.05	0.1
25	总氰化物<	0.005	0.05(渔0.005)	0.2(渔0.005)	0.2	0.2
26	挥发酚<	0.002	0.002	0.005	0.01	0.1
27	石油类**<	0.05	0.05	0.05	0.5	1.0
28	阴离子表面活性剂<	0.2以下	0.2	0.2	0.3	0.3
29	总人肠菌群***(个/L)<			10000		
30	苯并(a)芘***($\mu g/L$)<	0.0025	0.0025	0.0025		

* 允许根据地方水域背景值特征做适当调整的项目;
** 规定分析检测方法的最低检出限,达不到基准要求;
*** 试行标准。

2. 农田灌溉用水水质标准
见表3-8。

农田灌溉用水水质标准 表3-8

项 目	分 类	
	一 类	二 类
水 温	≤35℃	≤35℃
pH 值	5.5～8.5	5.5～8.5
全 盐 量	≤1000mg/L(非盐碱土地区) ≤2000mg/L(盐碱土地区) 有条件的地区可以适当放宽	≤1500mg/L(非盐碱土地区) ≤2000mg/L(盐碱土地区) 有条件的地区可以适当放宽
氯化物≤	200mg/L	200～300mg/L
硫化物≤	1mg/L	1mg/L
汞及其化合物≤	0.01mg/L	0.001mg/L 0.005mg/L(绿化地)

续表

项 目	分 类	
	一 类	二 类
镉及其化合物≤	0.002mg/L（轻度污染灌区）* 0.005mg/L	0.003mg/L（轻度污染灌区）* 0.01mg/L 0.05mg/L（绿化地）
砷及其化合物≤	0.05mg/L（水田） 0.1mg/L（旱田）	0.1mg/L（水田） 0.5mg/L（旱田及绿化地）
六价铬化合物（mg/L）≤	0.1	0.5
铅及其化合物（mg/L）≤	0.5	1.0
铜及其化合物（mg/L）≤	1.0	1.0（土壤pH值<6.5） 3.0（土壤pH值>6.5）
锌及其化合物（mg/L）≤	2.0	3.0（土壤pH值<6.5） 5.0（土壤pH值>6.5）
硒及其化合物（mg/L）≤	0.02	0.02
氟化物（mg/L）≤	2.0（高氟区） 3.0（一般地区）	3.0（高氟区） 4.0（一般地区）
氰化物（mg/L）≤	0.5（土层<1m地区） 4.0（一般地区）	0.5（土层<1m地区） 4.0（一般地区）
石油类（mg/L）≤	5.0（轻度污染灌区） 10.0	10.0
挥发性酚（mg/L）≤	1.0（土层<1m地区） 3.0	1.0（土层<1m地区） 3.0
苯（mg/L）≤	2.5（土层<1m地区） 5.0	2.5（土层<1m地区） 5.0
三氯乙醛（mg/L）≤	0.5（小麦） 1.0（水稻、玉米、大豆）	0.5（小麦） 1.0（水稻、玉米、大豆）
丙烯醛（mg/L）≤	0.5	0.5
硼（mg/L）≤	1.0（西红柿、马铃薯、笋瓜、韭菜、洋葱、黄瓜、梅豆、柑橘） 2.0（小麦、玉米、茄子、青椒、白菜、葱） 4.0（水稻、萝卜、油菜、苷兰）	1.0（西红柿、马铃薯、笋瓜、韭菜、洋葱、黄瓜、梅豆、柑橘） 2.0（小麦、玉米、茄子、青椒、白菜、葱） 4.0（水稻、萝卜、油菜、苷兰）
大肠菌群（个/L）≤	10000（生吃瓜果，收获前一星期）	10000（生吃瓜果，收获前一星期）
备注	一类：是指工业废水或城市污水作为农业用水的主要补充水源，并长期利用的灌区 二类：是指工业废水或城市污水作为农业用水的水源，而实行清污混灌轮灌的灌区	

3. 渔业水域水质标准

见表3-9。

渔业水域水质标准　　　　表3-9

编号	项 目	标 准
1	色、臭、味	不得使鱼虾贝藻类带有异色、异臭、异味
2	漂浮物质	水面不得出现明显油膜和浮沫
3	悬浮物质	人为增加的量不得超过10mg/L，而且悬浮物质沉积于底部后不得对鱼虾贝藻类产生有害的影响

续表

编号	项目	标准
4	pH值	淡水6.5～8.5，海水7.0～8.5
5	生化需氧量（5天20℃）	≯5mg/L，冰封期≯3mg/L
6	溶解氧	24h中，16h以上必须＞5mg/L，其余任何时候≮3mg/L 对鲑科鱼类栖息水域除冰封期外，其余任何时候≮4mg/L
7	汞	≯0.0005mg/L
8	镉	≯0.005mg/L
9	铅	≯0.1mg/L
10	铬	≯0.01mg/L
11	铜	≯1.0mg/L
12	锌	≯0.1mg/L
13	镍	≯0.1mg/L
14	砷	≯0.1mg/L
15	氰化物	≯0.02mg/L
16	硫化物	≯0.2mg/L
17	氟化物	≯1.0mg/L
18	挥发性酚	≯0.005mg/L
19	黄磷	≯0.002mg/L
20	石油类	≯0.05mg/L
21	丙烯腈	≯0.7mg/L
22	丙烯醛	≯0.02mg/L
23	六六六	≯0.02mg/L
24	滴滴涕	≯0.001mg/L
25	马拉硫磷	≯0.005mg/L
26	五氯酚纳	≯0.01mg/L
27	苯胺	≯0.4mg/L
28	对硝基氯苯	≯0.1mg/L
29	对氨基苯酚	≯0.1mg/L
30	水合肼	≯0.01mg/L
31	邻苯二甲酸二丁脂	≯0.06mg/L
32	松节油	≯0.3mg/L
33	1、2、3～三氯苯	≯0.06mg/L
34	1、2、4、5～四氯苯	≯0.02mg/L

注：放射性物质的标准，应按现行的《放射性伤护规定》中关于露天水源中放射性物质限制浓度的规定执行。

4．生活饮用水卫生标准

见表3-10。

生活饮用水卫生标准　　　　表3-10

编号	项目	标准
	感观性状指标	
1	色	≯15度，并不得呈现其他异色
2	浑浊度	≯5度
3	臭和味	不得有异臭和异味
4	肉眼可见物	不得含有
	化学指标	
5	pH值	6.5～8.5

续表

编号	项　　目	标　　准
6	总硬度（以 C_aO 计）	≯250mg/L
7	铁	≯0.3mg/L
8	锰	≯0.1mg/L
9	铜	≯1.0mg/L
10	锌	≯1.0mg/L
11	挥发性酚	≯0.002mg/L
12	阴离子合成洗涤剂	≯1.0mg/L
	毒理学指标	
13	氟化物	≯1.0mg/L，适宜浓度 0.5～1.0mg/L
14	氰化物	≯0.05mg/L
15	砷	≯0.04mg/L
16	硒	≯0.01mg/L
17	汞	≯0.001mg/L
18	镉	≯0.01mg/L
19	铬（六价）	≯0.05mg/L
20	铅	≯0.1mg/L
	细菌学指标	
21	细菌总数	≯100 个/mg
22	大肠菌群	≯3 个/L
23	游离性余氯	在接触 30min 后应不低于 0.3mg/L，集中式给水除出厂水应符合上述要求外，管网末稍不低于 0.05mg/L

5. 几种工业用水水质

见表 3-11。

几种工业用水水质　　**表 3-11**

工业名称	水质指标										
	浑浊度（度）	色度（度）	总硬度（度）	总碱度（mg/L）	pH	总金盐量（mg/L）	铁（mg/L）	锰（mg/L）	诅酸（mg/L）	氯化物（mg/L）	COD（KM_nO_4）（mg/L）
制糖	5	10	5	100	6～7		0.1			20	10
造纸（高级）	5	5	3	50	7	100	0.05～0.1	0.05	20	75	10
造纸（一般）	25	15	5	100	7	200	0.2	0.1	50	75	20
纺　织	5	20	2	200		400	0.25	0.25		100	
染　色	5	5～20	1	100	6.5～7.5	150	0.1	0.1	15～20	4～8	10
人造纤维	0	15	2		7～7.5		0.2				6
合成橡胶	2		1		6.5～7.5	10	0.05			20	
聚氯乙烯	3		2		7	150	0.3			10	
洗涤剂	6	20	5		6.5～8.6	150	0.3			50	

三、水质评价基本方法

1. 单项水质指数法

单项水质指数法是以待评价水体某项水质指标实测值与评价标准值的比值作为水质指数。一般指数值<1 时，水质满足标准要求，指数值越低水质越好，反之越差。单项水质指

数评价法常用于水体中含有某种有毒有害物质时水质的评价，用式（3-29）计算：

$$I_d = \frac{C}{C_0} \quad (3\text{-}29)$$

式中　I_d——单项水质指数；
　　　C——水体某项水质指标实测值；
　　　C_0——水质标准中相应指标标准值。

单项水质指数法当用于某些水质指标评价时（如溶解氧），其含量相对标准值越高水质越好，评价时应注意指数值与水质的相应关系。

2. 综合水质指数法

综合水质指数法是以待评价水体各项水质指标实测值与评价标准中相应的标准值的比值之和作为水质指数。指数值越低水质越好，反之越差。其水质指数用式（3-30）计算：

$$I_z = \sum_{i=1}^{n} \frac{C_i}{C_{0i}} \quad (3\text{-}30)$$

式中　I_z——综合水质指数；
　　　C_i——水体某项水质指标实测值；
　　　C_{0i}——水质标准中相应指标标准值。

与单项水质指数法相同，计算时某些指标项（如溶解氧）不能直接应用。

3. 平均水质指数法

平均水质指数法是以待评价水体各项水质指标实测值与评价标准中相应的标准值的比值的均值作为水质指数。一般指数值＜1时，水质满足标准要求，指数值越低水质越好，反之越差。其水质指数用式（3-31）计算：

$$I_p = \frac{1}{n} \sum_{i=1}^{n} \frac{C_i}{C_{0i}} \quad (3\text{-}31)$$

式中　I_p——平均水质指数；
　　　C_i——水体某项水质指标实测值；
　　　C_{0i}——水质标准中相应指标标准值；
　　　n——水体水质指标总项数。

与单项水质指数法相同，计算时某些指标项（如溶解氧）不能直接应用。

4. 加权平均水质指数法

加权水质指数法是将水质指标按其对水质的影响程度赋予权值，水体各项水质指标实测值与评价标准中相应的标准值的比值和相应权的乘积之和的均值作为水质指数。指数值突出了对水质影响程度较大的水质指标项在总指数的比重。其水质指数用式（3-32）计算：

$$I_q = \frac{1}{\sum_{i=1}^{n} W_i} \sum_{i=1}^{n} W_i \cdot \frac{C_i}{C_{0i}} \quad (3\text{-}32)$$

式中　I_q——加权平均水质指数；
　　　C_i——水体某项水质指标实测值；
　　　C_{0i}——水质标准中相应指标标准值；
　　　W_i——水体某项水质指标权值。

与单项水质指数法相同，计算时某些指标项（如溶解氧）不能直接应用。

5. 直接评分法

按照一定的水质指标体系及评分标准，根据水体各项水质指标实测值，逐项进行打分，评分越高水质越好。地表水水质分级评分标准见表 3-12。

地表水水质分级评分标准　　　　　　　　　　　表 3-12

指标项目		优良级		良好级		过度级		重污染级		严重污染级	
名称	单位	标准	分值	标准	分值	标准	分值	标准	分值	标准	分值
化学耗氧量	mg/L	<3	10	<8	8	<10	6	<50	4	≥50	2
溶解氧	mg/L	>6	10	>5	8	>4	6	>3	4	≤3	2
氰	mg/L	<0.01	10	<0.05	8	<0.1	6	<0.25	4	≥0.25	2
酚	mg/L	<0.001	10	<0.01	8	<0.02	6	<0.05	4	≥0.05	2
油	mg/L	<0.01	10	<0.3	8	<0.6	6	<1.2	4	≥1.2	2
铅	mg/L	<0.01	10	<0.05	8	<0.1	6	<0.2	4	≥0.2	2
汞	mg/L	<0.0005	10	<0.002	8	<0.005	6	<0.025	4	≥0.025	2
砷	mg/L	<0.01	10	<0.04	8	<0.08	6	<0.25	4	≥0.25	2
镉	mg/L	<0.001	10	<0.005	8	<0.01	6	<0.05	4	≥0.05	2
铬	mg/L	<0.01	10	<0.05	8	<0.1	6	<0.25	4	≥0.25	2

根据上表的评分标准，采用式（3-33）进行计分：

$$M = \Sigma A_i \tag{3-33}$$

式中　M——水质评价总分；

　　　A_i——各单项水质指标评分，$i=1,2,3,\cdots,10$。

水质评价总分计算得出后，按表 3-13 评定水体等级。

水质分级表　　　　　　　　　　　表 3-13

水质评价总分 M	优良级	良好级	过度级	重污染级	严重污染级
水质等级	100～96	95～76	75～60	59～40	<40

6. 尼梅罗指数法

美国叙拉古大学尼梅罗教授提出了一种兼顾极值的水质评价方法，称为尼梅罗模式，采用式（3-34）计算：

$$PI = \sqrt{\frac{(C_i/C_{0i})_{\max}^2 + (C_i/C_{0i})_{\mathrm{ave}}^2}{2}} \tag{3-34}$$

式中　PI——尼梅罗指数；

　　　C_i——水体某项水质指标实测值；

　　　C_{0i}——水质标准中相应指标标准值；

$(C_i/C_{0i})_{\max}$——水质指标实测值与相应指标标准值比值的最大值；

$(C_i/C_{0i})_{\mathrm{ave}}$——水质指标实测值与相应指标标准值比值的平均值。

四、地表水与地下水水质评价

（一）按水环境的天然本底值评价水质

水环境本底值一般指水环境未受人为因素影响时各水质指标的原始值，也称作水环境的背景值。用水环境的本底值作为水质评价的参照标准，其评价结论说明水环境因受人为因素影响而发生的变化，主要用于评价水体受人为污染的程度。

由于人类活动对水环境的污染已成为世界性的问题，特别是在自然界水循环对人类活动所排放的污染物具有扩散作用的前提下，绝对未受人类活动影响而保持原始状态的水体，在有人类活动的广大区域里已很难找到。尤其是能保持原始状态的地表水，在全球范围内几乎也难以找到。所以，直接测取水体水质本底值的原始值几乎已不可能。但是，为了研究人类活动对天然水体的污染情况，设法测取水体水质本底值的近似值，并以此作为水质评价的参照标准用以评价水体的水质，是完全可以达到目的的。

水体水质的本底值可以通过以下的途径获得：

1. 环境背景值的调查：这是评价中的一项基础工作，必须合理地确定背景值的采样点，如在河流上游受人类活动影响很小的地区进行采样分析；

2. 地质条件调查：研究区域地层、岩性、地质构造、裂隙、矿产资源、水文地质等的基本状况，分析其对水体本底值产生的影响；

3. 地貌条件调查：研究河谷的纵、横、河流平面形状，河间地区的分水岭，流域的地势，地表植被覆盖等的基本状况；

4. 气象条件调查：研究区域的气温、降水量、蒸发量等气象条件对地表水与地下水水质的影响；

5. 水文特征调查：调查水文特征值，如水位、流量等，分析其对水体水质可能产生的影响；

6. 人类活动情况调查：主要目的在于了解人类活动对水体水质的影响。

通过上述调查，分析所掌握的因素与水体水质背景值之间的相关关系，进而确定水体水质背景值或背景值的近似值。有了这些值，就可以近似得出所检测水体水质的原始状态。

（二）按各种用水标准评价水质

在工农业生产、日常生活及一些其他活动中，为确保用水水质，人们制定了一系列的用水标准。作为水资源的水体，能否满足人们使用时对水质的要求，就需要进行水资源水体的各项水质指标与某用水标准的各项水质标准进行分析比较，然后给出水体水质是否符合用水要求的评价结论。这种按各种用水标准评价水质的方法，通常是为满足某种用途而对水体水质进行的合格评价。例如，某种地下水体如果按《生活饮用水卫生标准》进行评价且指标完全合格，则该水源可以考虑用于饮用水。

五、区域水质综合评价

进行区域水质的综合评价，不仅要考虑各种地表水、地下水等水体水质的综合情况，而且需要在底质评价、生物学等评价基础上给出区域水质综合评价的结论。

（一）区域内多个水体水质的综合评价

当一个区域内存在有多个水体，且需要进行区域水质综合评价时，可先对区域内的各水体的水质进行单独评价，然后按式（3-35）计算：

$$I_z = \frac{1}{\sum_{i=1}^{n} W_i} \sum_{i=1}^{n} W_i \cdot I_i \tag{3-35}$$

式中 I_z——区域水质综合指数；

I_i——某水体水质分指数；

W_i——某水体水质分指数权值。

在用式（3-35）对各种水体评价时，采用的评价方法应尽量一致，以避免出现水体水质指数的含义及其值的大小相差过大，而使综和评价指数失去区域水质综合评价的意义。式（3-35）中的某水体水质指数权值，应根据该水体水量占总水量的比例、目前该水体开采利用量的多少及其重要程度等因素最终确定。

（二）多因素水体水质的综合评价

水体的水质除了水的本体质量外，对于地表水，水体的水质与水体的底质（主要指河道、湖、库等底部的沉积物）状况有关；对于地下水，水体的水质与土壤中的污染物含量有关。不仅如此，水体中的生物环境与水体水质有着密切相关的关系。因此，可以通过多方面的检测进一步地分析和了解水体的水质情况。

水体底质的检测项目与评价方法与水质的检测项目及评价方法大致相同。

水体的生物评价可以采用生物种群及形态观测、群落多样性指数、生物体内残毒量等方法进行评价。式（3-36）是群落多样性指数法的常用计算公式之一：

$$BI = -\left[\sum_{i=1}^{n}\left(\frac{n_i}{N}\right) \cdot \ln\left(\frac{n_i}{N}\right)\right] \tag{3-36}$$

式中 BI——水体生物群落多样性指数，$BI<1$ 严重污染，$BI=1\sim3$ 中度污染，$BI>3$ 轻度污染。

n_i——单位面积上某种生物的个体数；

N——单位面积上各类生物的个体总数。

为使水质、底质、生物等方面的检测资料能相互进行对照，在进行检测取样时应保持三者的一致性。在进行综合评价时，可先对水体进行水质、底质、生物等三方面的单独评价，得出各自的评价指数，然后由式（3-37）进行综合指数计算：

$$I_z = W_w I_w + W_d I_d + W_s I_s \tag{3-37}$$

式中 I_z——水质综合评价指数；

I_w、I_d、I_s——分别为水质、底质、生物评价分指数；

W_w、W_d、W_s——分别为水质、底质、生物评价分指数的权值，$W_w+W_d+W_s=1$。

用水质综合指数评价时，应注意水质、底质、生物评价分指数含义上的一致性。通常情况下，水质指数值越小，水质越好。但采用水体生物群落多样性指数对水质进行生物学评价时，指数值越小，水质越差。在这种情况下，可对该指数取倒数，然后进行综合水质指数计算。对于权值分配，也应根据水质、底质、生物评价分指数三者的重要程度进行。

第四节 水资源开发规划

一、水资源开发规划的意义与任务

水资源开发规划是为了保护水资源环境，限制和设法避免各种水害的发生，系统性地对水资源进行开发利用，尽可能地满足人们的生活和生产对水资源的需求。水资源开发规划，就是寻求各种以最小的经济与环境的代价获取最大的经济与社会效益的有效方法。水资源开发规划的基本任务是：根据国家的建设方针和发展目标，针对区域内水资源供求关系的特点，结合本区域社会和经济发展的现状，提出区域在一定时间内开发利用和保护水资源，限制和设法避免各种水害的方针、政策、目标和实施方案，以指导各项有关的工程建设及其他有关水资源开发利用的实践活动。

二、水资源开发规划的基本原则

1. 尊重自然，科学开发。以严谨的科学态度，认真地进行区域水环境自然状况的摸底调查，确保水资源规划的基础数据翔实、可靠，制定水资源开发规划应符合事物发展的自然规律。

2. 全面规划，统筹兼顾。制定水资源开发规划时，既要注意到水资源开发规划与区域其他经济发展规划之间的联系，又要处理好本地区与邻区水资源开发规划的关系，一切从整体利益出发，从全局出发。

3. 综合治理，兴利除弊。制定水资源开发规划，一定要注意水资源利用的多重性，从生活饮用水、一般工业用水，到农田灌溉、水产养殖、旅游观光，虽然都需要有水资源作保证，但对水资源的要求却不尽相同。因此，对水资源实行综合开发，可充分发挥水资源的作用。水资源量有一定的季节性，有年内和年际的变化，若能修建人工设施，实现水资源量的人工调蓄，不仅可以改善水资源量在时间上的供给条件，还可以减缓洪水对区域造成的危害。

4. 立足本域，供求平衡。制定水资源区域开发规划，应充分注意本地区水资源的容量。在保护水资源环境、维持生态平衡的前提下，有节制地加以开发利用。立足本区域水资源现阶段可开发利用量，以可供资源量确定开发利用量，确保资源量的供求满足平衡。

三、水资源开发规划系统工程

水资源开发规划面临的任务是多种多样的。但是，对于同一水资源开发规划区域来说，各种各样的水资源开发规划项目，彼此又构成既相互联系、又相互制约的统一体。按照"系统论"的观点，各种各样的水资源开发规划问题构成了一个"水资源开发规划系统"。这一水资源开发规划系统的总体效应，并不是各个组成部分各自功效简单地叠加，而是必然与其各组成部分的作用及其彼此间的联系发生关系。既然如此，水资源开发规划就完全可以按照"系统工程"的方法进行。

水资源开发规划系统工程的任务是从系统的观点出发，跨学科、跨区域地考虑问题，运用系统工程的方法，应用现代数学和电子计算机等工具，寻求水资源开发规划系统的最优化结果。

水资源开发规划系统工程研究的主要内容是水资源开发规划系统的模型化和最优化。为了把水资源开发规划问题作为一个整体系统来研究，首先应将大量的问题集中提炼为基本问题，把复杂的问题简化，但必须注意保留原系统中足够的信息，保持原系统的特性不变。在此基础上，建立起能进行定量分析的数学模型，然后在一定的约束条件下（如保持区域环境所必需的基本流量），对系统中的可调因素进行调节，使系统整体效果达到最优。

水资源开发规划系统工程从总体上来看，是以水资源的运动与循环规律、水资源开发利用对水资源的影响等有关水环境工程技术原理为依据，运用系统工程学的理论和方法，研究建立起一个合理的水资源开发规划系统模型，并在此基础上分析系统中各可调因素对环境目标、投资费用、经济效益等的影响，然后按最优状态给出系统的有关数据和结论，以便最终作为决策者规划、设计、管理、评价水资源环境问题的依据。

思 考 题

1. 为什么要进行水资源量的计算?
2. 区域降水量的计算有几种方法? 各自适用于什么条件?
3. 如何进行地表水和地下水资源量的计算?
4. 地表水资源量与地下水资源量为什么有重复计算问题?
5. 如何进行水资源量的评价?
6. 什么是水质指标? 什么是水质标准?
7. 水体水质评价有哪些基本方法?
8. 如何进行区域水体水质的综合评价?
9. 水资源开发规划的基本原则是什么?
10. 如何用系统工程的观点进行水资源的开发规划?

第四章 地下水取水构筑物

第一节 概　　述

地下水取水构筑物是给水工程的重要组成部分之一。它的任务是从地下水水源中取出合格的地下水，并送至水厂或用户。地下水取水工程研究的主要内容为地下水水源和地下水取水构筑物。本章主要介绍地下水取水构筑物的类型、构造、形式、设计计算、施工技术及其运行管理方法。

地下水取水构筑物位置的选择主要取决于水文地质条件和用水要求，应选择在水质良好、不易受污染的富水地段；应尽可能靠近主要用水区；应有良好的卫生防护条件，为避免污染，城市生活饮用水的取水点应设在地下水的上游；应考虑施工、运转、维护管理方便，不占或少占农田；应注意地下水的综合开发利用，并与城市总体规划相适应。

由于地下水的类型、埋藏条件、含水层的性质等各不相同，开采和集取地下水的方法以及地下水取水构筑物的形式也各不相同。地下水取水构筑物按取水形式主要分为两类：垂直取水构筑物——井；水平取水构筑物——渠。井可用于开采浅层地下水，也可用于开采深层地下水，但主要用于开采较深层的地下水；渠主要依靠其较大的长度来集取浅层地下水。在我国，利用井集取地下水更为广泛。

井的主要形式有管井、大口井、辐射井、复合井等，渠的主要形式为渗渠。

第二节 管　　井

一、管井的形式与构造

（一）管井的形式

管井一般指用凿井机械开凿至含水层中，用井壁管保护井壁，垂直地面的直井。管井又称机井。井的一般深度大、构造复杂。在我国，取水工程中开采地下水以管井最为常见。管井按揭露含水层的类型划分，有潜水井和承压井；按揭露含水层的程度划分，有完整井和非完整井。管井直径一般为50～1000mm，井深可达1000m以上。管井常用直径大多小于500mm，井深不超过200m。

（二）管井的构造

管井主要由井室、井壁管、过滤器、沉淀管等部分组成，如图4-1所示。

1. 井室

井室是用于安装各种设备（如水泵、电机、阀门及控制柜等）、保护井口免受污染和进行运行管理维护的场所。常见井室按所安装的抽水设备不同，可建成深井泵房、深井潜水泵房卧式泵房等，其形式可为地面式、地下式或半地下式。

为防止井室地面的积水进入井内，井口应高出地面0.3～0.5m。为防止地下含水层被

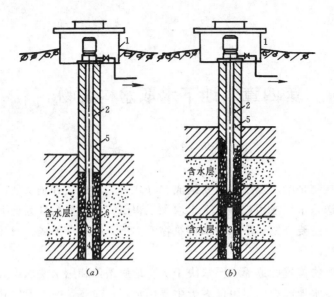

图 4-1 管井的一般构造
(a) 单层过滤器管井；(b) 双层过滤器管井
1—井室；2—井壁管；3—过滤器；4—沉淀管；5—粘土封闭；6—规格填砾

污染，井口周围需用粘土或水泥等不透水材料封闭，其封闭深度不得小于 3m。井室应有一定的采光、通风、采暖、防水和防潮设施。

2. 井壁管

井壁管不透水，它主要安装在不需进水的岩土层段（如咸水含水层段、出水少的粘性土层段等），用以加固井壁、隔离不良（如水质较差、水头较低）的含水层。井壁管可以是铸铁管、钢管、钢筋混凝土管或塑料管，应具有足够的强度，能经受地层和人工充填物的侧压力，不易弯曲，内壁平滑圆整，经久耐用。当井深小于 250m 时，一般采用铸铁管；当井深小于 150m 时，一般采用钢筋混凝土管；当井深较小时可采用塑料管。井壁管内径应按出水量要求、水泵类型、吸水管外形尺寸等因素确定，通常大于或等于过滤器的内径。当采用潜水泵或深井泵扬水时，井壁管的内径应比水泵井下部分最大外径大 100mm。

在井壁管与井壁间的环形空间中填入不透水的粘土形成的隔水层，称作粘土封闭层。如在我国华北、西北地区，由于地层的中、上部为咸水层，所以需要利用管井开采地下深层含水层中的淡水。此时，为防止咸水沿着井壁管和井壁之间的环形空间流向填砾层，并通过填砾层进入井中，必须采用粘土封闭以隔绝咸水层。

3. 过滤器

过滤器是指直接连接与井壁管上，安装在含水层中，带有孔眼或缝隙的管段，是管井用以阻挡含水层中的砂粒进入井中，集取地下水，并保持填砾层和含水层稳定的重要组成部分，俗称花管。过滤器表面的进水孔尺寸，应与含水层土壤颗粒组成相适应，以保证其具有良好的透水性和阻砂性。过滤器的构造、材质、施工安装质量对管井的出水量大小、水质好坏（含砂量）和使用年限，起着决定性的作用。过滤器的基本要求是：有足够的强度和抗腐蚀性能，具有良好的透水性，能有效地阻挡含水层砂粒进入井中，并保持人工填砾层和含水层的稳定性。

为防止含水层砂粒进入井中,保持含水层的稳定,又能使地下水通畅地流入井中,需要在过滤器与井壁之间的环形空间内回填砂砾石。这种回填砂砾石形成的人工反滤层,称为填砾层。

4. 沉淀管

沉淀管位于井底,用于沉淀进入井内的细小泥砂颗粒和自地下水中析出的其他沉淀物。地下水进入管井后,含砂量虽然满足取水水质要求,但并非绝对不含砂,其中一些泥砂颗粒仍会沉淀下来,天长日久,积少成多,会在井中沉积下一定体积的泥砂,甚至堵塞过滤器,影响管井的出水量。为此,应在管井的底部设置沉淀管。

二、管井的设计与计算

（一）管井的水力计算

单井的出水量与含水层的厚度、含水层的渗透系数、井中水位降落值及井的结构等因素有关。管井水力计算的目的是在已知水文地质等参数的条件下,通过计算确定管井在最大允许水位降落值时的可能出水量,或在给定出水量时计算确定管井可能的水位降落值。管井的水力计算可采用理论公式和经验公式。

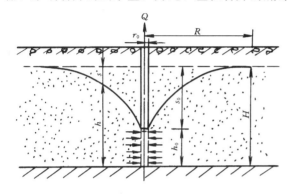

图 4-2 无压含水层完整井计算简图

1. 理论公式

管井计算的理论公式繁多,计算地下水稳定流条件下井的出水量,一般采用裘布依公式。

（1）稳定流完整井

1）潜水含水层完整井

潜水含水层完整井（图 4-2）出水量计算如式（4-1）:

$$Q = \frac{1.37K(H^2 - h_0^2)}{\lg \frac{R}{r_0}} = \frac{1.37K(2H - S_0)S_0}{\lg \frac{R}{r_0}} \tag{4-1}$$

式中　Q——井的出水量,m^3/d;

　　　H——潜水含水层厚度,m;

　　　h_0——稳定抽水时,井外壁水位至潜水含水层底板的高差,m;

　　　S_0——稳定抽水时,井外壁水位降落深度（简称降深）,m;

　　　r_0——过滤器的半径,m;

　　　K——渗透系数,m/d;

　　　R——影响半径,m。

2）承压含水层完整井

承压含水层完整井（图 4-3）出水量计算如式（4-2）:

$$Q = \frac{2.73KM(H - h_0)}{\lg \frac{R}{r_0}} = \frac{2.73KMS_0}{\lg \frac{R}{r_0}} \tag{4-2}$$

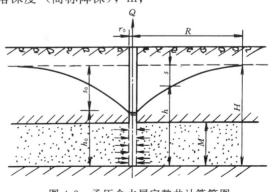

图 4-3 承压含水层完整井计算简图

式中 H——承压含水层自由水面与含水层底板标高差,也称为承压含水层的水头,m;

M——承压含水层厚度,m;

其他符号意义同前。

上述公式中水文地质参数 K 与 R 可参考经验数据确定,K 的经验值见表 1-4,R 的经验值见表 4-1。

不同岩土地层影响半径 R 经验值   表 4-1

地层类型	地层颗粒 粒径(mm)	所占重量(%)	影响半径 R(m)	地层类型	地层颗粒 粒径(mm)	所占重量(%)	影响半径 R(m)
粉砂	0.05~0.1	70以下	25~50	极粗砂	1~2	>50	400~500
细砂	0.1~0.25	>70	50~100	小砾石	2~3	>50	500~600
中砂	0.25~0.5	>50	100~300	中砾石	3~5		600~1500
粗砂	0.5~1.0	>50	300~400	粗砾石	5~10		1500~3000

(2)稳定流非完整井

1)承压含水层非完整井

承压含水层非完整井(图 4-4)出水量计算如式(4-3):

$$Q = \frac{2.73 KMS_0}{\frac{1}{2\bar{h}}\left(2\lg\frac{4M}{r_0} - A\right) - \lg\frac{4M}{R}} \quad (4-3)$$

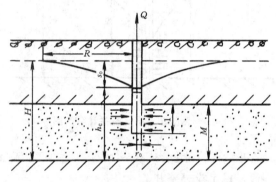

图 4-4 承压含水层非完整井计算简图

式中 $\bar{h} = \dfrac{l}{M}$——过滤器插入含水层的相对深度;

$A = f\left(\dfrac{\bar{h}}{n}\right)$——由辅助图(图 4-5)确定的函数值;

l——过滤器长度,m;

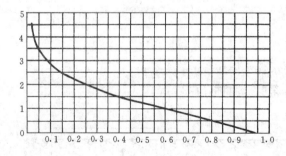

图 4-5 A-h 函数曲线

其他符号意义同前。

对很厚的含水层($l \leqslant 0.3M$),承压含水层非完整井出水量计算如式(4-4):

$$Q = \frac{2.73 KMS_0}{\lg\dfrac{1.32l}{r_0}} \quad (4-4)$$

式中符号意义同前。

2)潜水含水层非完整井

潜水含水层非完整井(图 4-6)出水量计算如式(4-5):

$$Q = \pi k S_0 \left\{ \frac{l + S_0}{\ln\dfrac{R}{r_0}} + \frac{2M}{\dfrac{1}{2\bar{h}}\left(2\ln\dfrac{4M}{r_0} - 2.3A\right) - \ln\dfrac{4M}{R}} \right\} \quad (4-5)$$

式中 $M = h_0 - 0.5l$

$$A = f(\overline{h})$$
$$\overline{h} = \frac{0.5l}{M}$$ 由图 (4-5) 查得；

其他符号意义同前。

在自然界中，地下水的稳定流动只是相对的，当地下水位持续下降时，就应该采用非稳定流理论来解释地下水运动的动态变化过程。包含时间变量的承压含水层完整井非稳定流管井出水量理论公式可采用泰斯公式（式4-6）：

$$S = \frac{Q}{4\pi KM} W_{(u)} \quad (4-6)$$

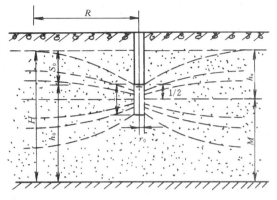

图 4-6 无压含水层非完整井计算简图

式中 Q——井的出水量，m^3/d；

S——水井以恒定出水量 Q 抽水 t 时间后，观测点处的水位降落值，m；

$W_{(u)}$——井函数，$W_{(u)} = f(r, t, K, M, \mu_s)$；

μ_s——储水系数；

其他符号意义同前。

非稳定流管井的出水量计算比较复杂，在此不作详细介绍。

由于水源地的实际水文地质条件往往与裘布依公式的假定条件有较大的差别，所以有时管井的实际出水量与理论公式计算所得的出水量相差较大。因此，在实际工程中管井出水量的确定，可采用实际抽水试验与理论公式计算相结合的方法，计算管井的出水量。

渗透系数 K 值与影响半径 R，最好根据抽水试验资料计算得出，然后代入上述公式计算管井的出水量，可获得比较理想的计算结果。

2. 经验公式法

在工程实践中，常根据水源地和水文地质条件相似地区的抽水试验所得的 $Q \sim S$ 曲线进行管井的出水量计算。这种方法的优点在于不必考虑井的边界条件，避开水文地质参数，并能综合各种复杂因素的影响，因此计算结果比较符合实际情况。

用经验公式的计算方法是，在抽水试验的基础上找出符合井的出水量 Q 和水位降落值 S 之间的关系方程式。根据所得方程，即可求出在一定的水位降落值时的井的出水量，或据已定的井的出水量求出井的水位降落值。工程实践中常见的 $Q \sim S$ 曲线，有直线型、抛物线型、幂函数型、半对数型及其他类型。这些类型的 $Q \sim S$ 曲线，均可转换成直线并采用线性回归法得出计算公式。有关常见曲线的直线转换如表 4-2。

选用经验公式计算时，首先应有不小于三次的抽水实验数据，绘制 $Q \sim S$ 曲线，若呈直线，可按直线型公式计算；否则分别绘制 $S_0 = f(Q)$、$\lg Q = f(\lg S)$、$Q = f(\lg S)$ 曲线，判别曲线类型，再选用相应公式计算。也可采用图解的方法计算井的出水量 Q 或水位降 S。

（二）管井的设计

管井的设计主要有以下内容：

1. 依据水文地质资料和水文地质参数，以及用户对水质水量等的要求，确定水源产水能力和备用井数，初步确定管井的井位、形式、构造，选择抽水设备及进行井群布置。

2. 用理论公式或经验公式确定管井最大出水量。

3. 管井井径设计。由稳定流理论公式可知，井径增大，进水过水断面面积增大，井的出水量增加，但所增加的水量与井径的增加不成正比。例如，井径增大1倍，井的出水量仅增加10%左右；井径增大10倍，井的出水量只增加50%左右。但实际测定表明，在一定范围内，井径增大，井的出水量增加较快。这主要是因为裘布依公式没有考虑过滤器和填砾层对地下水流产生的阻力影响。对于管井，井径不宜过大；否则，出水量增加不明显，建井成本却增加较多，这是不经济的。一般认为，管井的井径以 200~600mm 为宜。

井的出水量 Q 与水位降落值 S 关系曲线 表 4-2

经验公式		$Q \sim S$ 曲线	转化后的公式	转化后的曲线
直线型	$Q = qS$	$Q=f(S)$		
抛物线型	$S = aQ + bQ^2$	$Q=f(S)$	$S_0 = a + bQ$ $S_0 = S/Q$	$S_0=f(Q)$
幂函数型	$Q = n\sqrt[m]{S}$	$Q=f(S)$	$\lg Q = \lg n + \lg S$	$\lg Q = f(\lg S)$
半对数型	$Q = a + b\lg S$	$Q=f(S)$	$Q = a + b\lg S$	$Q=f(\lg S)$

4. 过滤器设计。过滤器设计包括：形式选择，直径和长度的确定，安装位置的确定等。过滤器类型很多，概括起来，大致可分为不填砾和填砾两大类。现仅就常用的几种过滤器的结构形式介绍如下。

(1) 圆孔、条孔过滤器

圆孔、条孔过滤器是由金属管材或非金属管材加工制成的，如钢管、铸铁管、钢筋混凝土管及塑料管等。过滤器孔眼的直径和宽度与其接触的含水层颗粒粒径有关,孔眼大,进水通畅,但挡砂效果差;孔眼小,挡砂效果好,但进水性能差。进水孔眼的直径或宽度可参照表 4-3 选取。

过滤器的进水孔眼直径或宽度　　　　表 4-3

过滤器名称	进水孔眼的直径或宽度 d	
	岩层不均匀系数 $\left(\dfrac{d_{60}}{d_{10}}\right)<2$	岩层不均匀系数 $\left(\dfrac{d_{60}}{d_{10}}\right)>2$
圆孔过滤器	$(2.5\sim3.0)d_{50}$	$(3.0\sim4.0)d_{50}$
条孔缠丝过滤器	$(1.25\sim1.5)d_{50}$	$(1.5\sim2.0)d_{50}$
包网过滤器	$(1.5\sim2.0)d_{50}$	$(2.0\sim2.5)d_{50}$

注:1. d_{60}、d_{50}、d_{10} 是指颗粒中按重量计算有 60%、50%、10% 粒径小于这一粒径;
　　2. 较细砂层取小值,较粗砂层取大值。

孔眼在管壁上分布的形式通常采用相互错开的梅花形。过滤器进水孔眼数量多,进水性能良好,但强度减小,所以过滤器的孔隙率取决于管材的强度。各种管材允许孔隙率为:钢管 30%～35%,铸铁管 18%～25%,钢筋混凝土管 10%～15%,塑料管 10%。

圆孔、条孔过滤器为不填砾过滤器,直接用以取集地下水,所以只适用于裂隙、溶隙含水层或砾石、卵石含水层,而不适用于各种砂层含水层。

(2) 缠丝过滤器

缠丝过滤器是以圆孔、条孔滤水管为骨架,并在滤水管外壁铺放若干条垫筋($\phi 6\sim 8$mm),然后在其外面用直径 $2\sim 3$mm 的镀锌铁丝并排缠绕而成,如图 4-7 所示。缠丝间距根据含水层颗粒大小确定,可参照表 4-3。

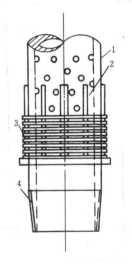

图 4-7　缠丝过滤器
1—钢滤水网;2—垫筋;
3—缠丝;4—连接管

作为骨架的滤水管完全不同于圆孔、条孔过滤器,其圆孔、条孔一般较大,圆孔直径为 6～10mm,如钢管、铸铁管和塑料管滤水管孔眼都是在实管上按要求钻孔而成;钢筋混凝土管的进水条孔是在浇注时预制而成的,一般尺寸为 30～80mm。进水孔在井管上纵向成排布置若干排,并相互错开成梅花形。近几年来,桥式(孔)钢管滤水管应用越来越广泛,如图 4-8 所示。它的孔隙率大,强度高,进水均匀。

缠丝过滤器适用于粗砂、砾石和卵石含水层,进水挡砂效果良好,强度较高,但成本高;铁丝一旦生锈,可形成铁饼状,对进水影响甚大。近年来,采用尼龙丝等耐腐蚀性的非金属丝。

图 4-8　桥式钢管滤水管

(3) 包网过滤器

包网过滤器也是以各种圆孔、条孔滤水管为骨架,在滤水管外壁铺放若干条垫筋,然后包裹铜网、棕树皮或尼龙箩底布,再用铁丝缠牢而成,如图 4-9 所示。包

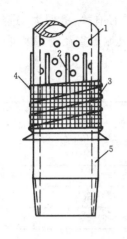

图 4-9 包网过滤器
1—铸铁滤水管；2—垫筋；
3—包网；4—缠丝；5—连接管

网孔眼大小可参照表 4-3。钢材垫筋和钢网因成本高，现已很少采用。目前使用最广泛的是用竹片做垫筋，用棕树皮或尼龙箩底布作包网，成本低，便于操作，货源充足，耐腐蚀，对水无污染。如果砂层颗粒细，可以包裹两层尼龙箩底布。包网过滤器适用于各种砂层含水层。

（4）钢筋骨架过滤器

如图 4-10 所示，钢筋骨架过滤器每节长 3～4m，是将两端的钢制短管、直径 16mm 的竖向钢筋和支撑环焊接而成的钢筋骨架，钢筋间距 30～40mm，支撑环间距 250～300mm，然后以此为骨架，外边再缠丝或包网组成过滤器。此种过滤器用料省，易加工，孔隙大；但抗压强度低，抗腐蚀性差，一般仅用于不稳定的裂隙含水层，不宜用于深度大于 200m 的管井和侵蚀性较强的含水层。

（5）砾石水泥过滤器

砾石水泥过滤器是砾石或碎石用水泥胶结而成的。常用砾石粒径为 3～7mm，灰砾比 1：4～1：5，水灰比 0.28～0.35。由于是不完全胶结，尚有一定的孔隙，故有一定的透水性，又称无砂混凝土过滤器。有时也可包裹棕皮或尼龙箩底布。为增大其强度，管壁做得比较厚（40～50mm），所以孔隙率小，仅为 7%～10%。单根管长仅为 1m、2m，连接方式简单，在两根井管接口处垫以水泥沥青，用竹片连接，用铁丝捆绑即可。砾石水泥过滤器取材容易，制作方便，价格低廉；但强度低，重量大，井深不能大于 80m，在粉细砂层或含铁量高的含水层中使用易堵塞。

（6）填砾过滤器

以上介绍的各类过滤器可以直接下到井中含水层部分集取地下水。但是，含水层的砂粒，特别是松散地层中含水层的砂粒，极易堵塞各类过滤器的孔眼，极大地影响了过滤器的进水能力。因此，在过滤器周围回填一定规格的砾石层，形成填砾过滤器。填砾层一般对进水影响不大，而能截留含水层中的骨架颗粒，使

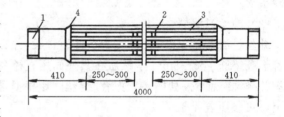

图 4-10 钢筋骨架过滤器
1—短管；2—支撑环；3—钢筋；4—加固环

含水层保持稳定。填砾过滤器适用于各类砂、砾石和卵石含水层以及裂隙、溶隙含水层，在地下水取水工程中得到广泛地使用。

5. 滤料层、封闭层和沉淀管设计

（1）滤料层

若要保证填砾层有效地截留含水层中的砂粒，又要进水通畅，通常要求填砾粒径和含水层颗粒粒径之比应为：

$$\frac{D_{50}}{d_{50}} = 6 \sim 8 \tag{4-7}$$

式中 D_{50}——填砾颗粒从小颗粒开始累计，填砾的重量占总重量的 50% 时颗粒的粒径值；

d_{50}——含水层颗粒从小颗粒开始累计,含水层的颗粒重量占总重量的50%时颗粒的粒径值。

由室内试验观察,在式(4-7)级配范围内,填砾层厚度为填砾粒径的3~4倍时,即能较好地阻挡含水层颗粒进入井中;但考虑到井孔的圆度、井孔的倾斜度以及过滤器与井孔中心有偏差等因素,实际工程中规定了较大的厚度。一般在卵石、砾石及各类砂层含水层中,最合适的填砾层厚度为75~150mm。

填砾高度在一般含水砂层中,应高出过滤器顶8~10m,以防止填砾塌陷使填砾层降至过滤器顶以下,从而致使管井涌砂。

(2) 粘土封闭层

采用粘土封闭时,不能直接填入粉状粘土,而应填入用优质粘土做成的粘土球(胶泥球),直径为25mm左右,呈半湿半干状,这种粘土球的封闭效果好。为安全可靠地封闭不良含水层,粘土封闭的深度应考虑沉降对封闭效果的影响。

(3) 沉淀管

在井孔达到设计深度后,应再向下继续钻进一定的深度,用以安装沉淀管。其长度视井深和井水沉砂可能性而定,一般为2~10m。根据井深可参考下列数据选用:井深16~30m,沉淀管长度不小于2m;井深31~90m,沉淀管长度不小于5m;井深大于90m,沉淀管长度不小于10m。

6. 滤水速度设计。管井抽水时,地下水进入过滤器表面时的速度,称为滤水速度。管井抽水量增加,此滤水速度相应增大。但滤水速度不能过大,否则,将扰动含水层,破坏含水层的渗透稳定性。因此,过滤器的滤水速度必须小于或等于允许滤水速度:

$$v = \frac{Q}{F} = \frac{Q}{\pi D l} \leqslant v_f \tag{4-8}$$

式中 v——进入过滤器表面的流速,m/d;

Q——管井出水量,m³/d;

F——过滤器工作部分的表面积,m²,当有填砾层时,应以填砾层外表面积计;

D——过滤器外径,m,当有填砾层时,应以填砾层外径计;

l——过滤器工作部分的长度,m;

v_f——允许入井渗流流速,m/d,可用下式计算:

$$v_f = 65 \sqrt[3]{K} \tag{4-9}$$

K——含水层渗透系数,m/d。

当过滤器滤水速度大于允许滤水速度时,应调整井的出水量或过滤器的尺寸(直径与长度),以减小滤水速度,使其满足要求。

三、井群系统与井群互阻

(一) 井群系统

在规模较大的地下水取水工程中,当一眼管井不可能满足供水要求时,常由很多个管井(或大口井)组成一个井群系统。

一般井群宜按直线排列,也可按网格形式布置。在潜水含水层中,应尽量沿垂直地下水流方向布置,当井群沿河布置时,应避开冲刷危险的河岸并与河岸保持一定的距离。为了使井与井之间抽水时互不干扰,相邻两井的距离应大于两倍的影响半径,这样虽抽水时井与井之间互不干扰,但占地面积大,井群分散,供电线路和井间连络管很长,管理极不方便。当井群井数较多时,宜集中控制管理,减小供电线路和井间连络管的长度,井的间距可小于影响半径的两倍。这样布置,相邻两井抽水时必然产生相互干扰,这种现象称为井群的互阻。

(二)井群互阻影响计算

井群的互阻影响可表现为以下两个方面:当井群共同工作时,如果保持井中水位降落值不变(即与单井无干扰时的水位降深值相同),各井的出水量必然小于各井单独工作时的出水量;当井群相互干扰时,如果保持各井的出水量不变(即与单井无干扰时出水量相同),各井的水位降落值必然大于各井单独工作时的水位降落值。

井群干扰抽水的互阻影响程度与井距、井的布置形式、含水层厚度、渗透系数、井的出水量及水位降深等因素有关。取水工程中井群互阻计算的目的就是确定互阻影响下的井距、各井的产水量及井数,计算井群的干扰出水量,同时为合理布置井群、进行技术经济比较提供依据。

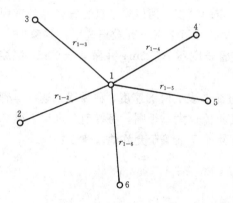

图 4-11 任意布置的井群系统

1. 水位削减法(理论公式)

计算井群干扰出水量的理论基础是"水位叠加原理"。

设在均质承压含水层中任意布置 n 个完整井进行抽水,如图 4-11 所示。

设各井的水位降深 S_1、S_2、……S_n,无干扰时,各井单独抽水时的出水量分别为 Q_1、Q_2、……Q_n,当互阻抽水并保持各井的水位降深不变时,各井的干扰出水量分别为 Q_1'、Q_2'、……Q_n'。对于任意一个井(i 号井),按水位叠加原理,其水位降 S_i' 应等于该井以干扰出水量 Q_i' 抽水时的水位降 S_i 和其他各井干扰抽水时在 i 号井产生的水位降落值的总和,如图 4-12 所示,其表达式为:

$$S'_1 = S_1 + t_{1-2} + t_{1-3} + \cdots + t_{1-n} \tag{4-10}$$

依据承压完整井裘布依公式和带观测孔的公式,可写出井群互阻各井的水位降深值:

$$S'_1 = \frac{1}{2.73KM}\left(Q_1 \lg \frac{R}{r_{01}} + Q_2 \lg \frac{R}{r_{1-2}} + Q_3 \lg \frac{R}{r_{1-3}} + \cdots + Q_n \lg \frac{R}{r_{1-n}}\right)$$

$$S'_2 = \frac{1}{2.73KM}\left(Q_2 \lg \frac{R}{r_{02}} + Q_1 \lg \frac{R}{r_{2-1}} + Q_3 \lg \frac{R}{r_{2-3}} + \cdots + Q_n \lg \frac{R}{r_{2-n}}\right)$$

……

$$S'_n = \frac{1}{2.73KM}\left(Q_n \lg \frac{R}{r_{0n}} + Q_1 \lg \frac{R}{r_{n-1}} + Q_2 \lg \frac{R}{r_{n-2}} + \cdots + Q_{n-1} \lg \frac{R}{r_{n-(n-1)}}\right) \tag{4-11}$$

式中 S'_1——干扰抽水时 1 号井水位下降值;

S_1——1 号井单独抽水时水位下降值。

各井的干扰出水量为未知数,有 n 个井,就有 n 个未知量;同时也可列出 n 个方程。只要给定各井的水位降深值,解此方程组,即可求出各井的干扰出水量。

对于潜水完整井,为计算方便起见,将潜水完整井裘布依公式中的 $(H_0^2 - h_{0i}^2)$ 看成水位降深值($S_i = H_0 - h_{0i}$)进行计算,方程组可写成:

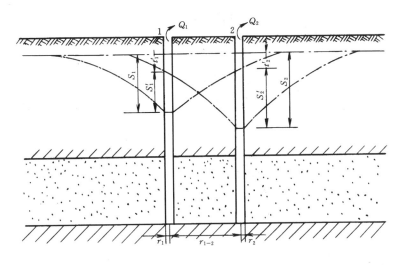

图 4-12 降深不变时两井互阻影响计算示意图

$$H_0^2 - h_{01}'^2 = \frac{1}{1.37K}\left(Q_1\lg\frac{R}{r_{01}} + Q_2\lg\frac{R}{r_{1-2}} + Q_3\lg\frac{R}{r_{1-3}} + \cdots + Q_n\lg\frac{R}{r_{1-n}}\right)$$

$$H_0^2 - h_{02}'^2 = \frac{1}{1.37K}\left(Q_2\lg\frac{R}{r_{02}} + Q_1\lg\frac{R}{r_{2-1}} + Q_3\lg\frac{R}{r_{2-3}} + \cdots + Q_n\lg\frac{R}{r_{2-n}}\right)$$

……

$$H_0^2 - h_{0n}'^2 = \frac{1}{1.37K}\left(Q_n\lg\frac{R}{r_{0n}} + Q_1\lg\frac{R}{r_{n-1}} + Q_2\lg\frac{R}{r_{n-2}} + \cdots + Q_{n-1}\lg\frac{R}{r_{n-(n-1)}}\right)$$

(4-12)

式中 h_{01}'——干扰抽水时 1 号井的动水位。

同样,只要给定各井的水位降深值,解此方程组,即可求出各井的干扰出水量。

2. 流量削减法

流量削减法使用范围广,不论是潜水和承压含水层,还是完整井和非完整井均可使用。同时,也不受井群平面布置的影响。

在实际井群取水工程中,即使各井均在同一含水层抽水,井的形式、构造、抽水设备相同,井的抽水降深也相同,但各井的位置和彼此间距不同,其干扰状态下的出水量就可不同。

如果任意井无干扰(即单独抽水)时的出水量为 Q_i,当有井群干扰时,其出水量必然减少至 Q_i',设井的出水量减少系数为 α_i,则有:

$$\alpha_i = \frac{Q_i - Q_i'}{Q_i} = 1 - \frac{Q_i'}{Q_i} \tag{4-13}$$

$$Q_i' = (1 - \alpha_i)Q_i \tag{4-14}$$

由图 4-12 可知,当 1 号井以 S_1 水位降深抽水时,出水量为 Q_1,其单位出水量为 $q_1 = Q_1/S_1$,则 $Q_1 = q_1 \cdot S_1$。如果两井同时抽水(互阻抽水),且保持水位降深不变,两井的出水量因相互干扰减至 Q_1'、Q_2'。此时,S_1 就为 1 号井以 Q_1' 抽水时产生的水位降 S_1' 和 2 号井以 Q_2' 抽水时在 1 号井处产生的水位降 t_1' 之和,即 $S_1 = S_1' + t_1'$,并且有 $Q_1' = q_1 S_1'$。那么,只有 1、2 号井相互干扰时,1 号井的水量减少系数 α_1 为:

$$\alpha_1 = \frac{Q_1 - Q'_1}{Q_1} = \frac{q_1 \cdot s_1 - q_1 \cdot s'_1}{q_1 \cdot s_1} \tag{4-15}$$

$$\alpha_1 = \frac{S_1 - S'_1}{S_1} = \frac{t'_1}{S_1} \tag{4-16}$$

如果 1 号井受到几个井的干扰,如图 4-12 所示,其计算公式为:

$$\Sigma a_1 = a_{1-2} + a_{1-3} + \cdots + a_{1-n} = \frac{t'_{1-2} + t'_{1-3} + \cdots + t'_{1-n}}{S_1} \tag{4-17}$$

$$Q'_1 = Q_1(1 - \Sigma a_1) \tag{4-18}$$

其他井的出水量减少系数和干扰流量依此类推。

但是,由于两井同时抽水,t'_1 和 t'_2 值实际上无法测出和计算,故式 (4-15) 仍不能用于实际计算。

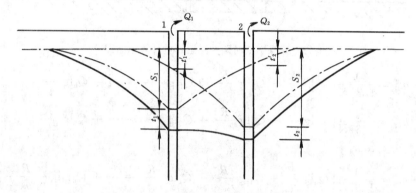

图 4-13 抽水量不变时两井互阻影响计算示意图

如图 4-13 所示,1 号井单独抽水时的出水量为 $Q_1 = q_1 \cdot S_1$,当 1 号井和 2 号井互阻抽水,若 1 号井抽水量仍保持 Q_1,2 号井单独抽水在 1 井处产生的水位降落值为 t_1 时,则利用水位叠加原理可得 1 号井互阻抽水时的水位降落值为 $S_1 + t_1$;或者说,如果 1 号井单独抽水时得出水量为 $q_1(S_1 + t_1)$,那么互阻抽水时 1 号井的干扰出水量为 $q_1 \cdot S_1$。所以 1 号井出水量减少系数为:

$$\alpha_1 = \frac{q_1(S_1 + t_1) - q_1 S_1}{q_1(S_1 + t_1)} = \frac{t_1}{S_1 + t_1} \tag{4-19}$$

2 号井流量减少系数依此类推。

由承压完整井的裘布依公式和式 (4-19) 可知,只要知道 1 号井和 2 号井的水位降深值 S_1 和 S_2(可由实际测量得到或为设计水位降深)就可求得 t_1,进而求得 α_1:

$$Q_1 = \frac{2.73 KM S_1}{\lg \frac{R}{r_{01}}}$$

$$Q_2 = \frac{2.73 KM S_2}{\lg \frac{R}{r_{02}}}$$

$$t_1 = \frac{Q_2 \lg \frac{R}{r_{1-2}}}{2.73 KM} \tag{4-20}$$

同样，有 n 个井互阻抽水时，则有：

$$\Sigma a_1 = \frac{t_{1-2}}{S_1 + t_{1-2}} + \frac{t_{1-3}}{S_1 + t_{1-3}} + \cdots + \frac{t_{1-n}}{S_1 + t_{1-n}} \tag{4-21}$$

$$Q'_1 = Q_1(1 - \Sigma a_1)$$

其他井的流量减少系数和干扰出水量依此类推。

井群互阻抽水总干扰出水量为：

$$Q'_{总} = \Sigma Q'_i \tag{4-22}$$

此外，出水量减少系数，可以用两干扰井抽水试验求得，进而求得 Q'_1 和 Q'_2，将更接近实际。

【例 4-1】 拟在某中细砂承压含水层水源地建造直径为 400mm 的管井 4 眼，直线排列，井的间距皆为 100m，如图 4-14 所示。已知含水层厚度 $M=20$m，渗透系数 $K=7$m/d，井的影响半径为 350m，各井的水位降深设计为 5m，求共同工作时各井的出水量。

图 4-14 直线排列的互阻井群

【解】 各井单独工作时的出水量为：

$$Q_1 = \frac{2.73KMS_1}{\lg\frac{R}{r_{01}}} = \frac{2.73 \times 7 \times 20 \times 5}{\lg\frac{350}{0.2}} = 589.7 \text{m}^3/\text{d}$$

1 号井和 4 号井受到的干扰情况相同，干扰出水量亦相同，流量减少系数计算如下：

$$t_{1-2} = \frac{Q_2 \lg\frac{R}{r_{1-2}}}{2.73KM} = \frac{589.7 \lg\frac{350}{100}}{2.73 \times 7 \times 20} = 0.839\text{m}$$

$$t_{1-3} = \frac{Q_3 \lg\frac{R}{r_{1-3}}}{2.73KM} = \frac{589.7 \lg\frac{350}{200}}{2.73 \times 7 \times 20} = 0.375\text{m}$$

$$t_{1-4} = \frac{Q_4 \lg\frac{R}{r_{1-4}}}{2.73KM} = \frac{589.7 \lg\frac{350}{300}}{2.73 \times 7 \times 20} = 0.103\text{m}$$

$$a_{1-2} = \frac{t_{1-2}}{S_1 + t_{1-2}} = \frac{0.839}{5 + 0.839} = 0.144$$

$$a_{1-3} = \frac{t_{1-3}}{S_1 + t_{1-3}} = \frac{0.375}{5 + 0.375} = 0.070$$

$$a_{1-4} = \frac{t_{1-4}}{S_1 + t_{1-4}} = \frac{0.103}{5 + 0.103} = 0.020$$

$$\Sigma a_1 = a_{1-2} + a_{1-3} + a_{1-4} = 0.144 + 0.070 + 0.020 = 0.234$$

$$Q'_1 = Q'_4 = Q_1(1 - \Sigma a_1) = 589.7(1 - 0.234) = 451.7 \text{m}^3/\text{d}$$

2 号井与 3 号井受到的干扰情况相同，干扰出水量也相同，流量减少系数为：

$$t_{2-1} = t_{2-3} = \frac{Q_1 \lg\frac{R}{r_{2-1}}}{2.73KM} = \frac{589.7 \lg\frac{350}{100}}{2.73 \times 7 \times 20} = 0.839\text{m}$$

$$t_{2-4} = \frac{Q_4 \lg \frac{R}{r_{2-4}}}{2.73KM} = \frac{589.7\lg \frac{350}{100}}{2.73 \times 7 \times 20} = 0.375\text{m}$$

$$\alpha_{2-1} = \alpha_{2-3} = \frac{t_{2-1}}{S_2 + t_{2-1}} = \frac{0.839}{5 + 839} = 0.144$$

$$\alpha_{2-4} = \frac{t_{2-4}}{S_2 + t_{2-4}} = \frac{0.375}{5 + 0.375} = 0.070$$

$$\Sigma\alpha_2 = \alpha_{2-1} + \alpha_{2-3} + \alpha_{2-4} = 2 \times 0.144 + 0.070 = 0.358$$

$$Q'_2 = Q'_3 = Q_2(1 - \Sigma\alpha_2) = 589.7(1 - 0.358) = 378.6\text{m}^3/\text{d}$$

$$Q'_\text{总} = 2Q'_1 + 2Q'_2 = 2 \times 451.7 + 2 \times 378.6 = 1660.6\text{m}^3/\text{d}$$

井群互阻影响出水量为：

$$\frac{4Q - Q'_\text{总}}{4Q_1} = \frac{4 \times 589.7 + 1660.6}{4 \times 598.7} = 0.296 = 29.6\%$$

四、管井的施工与维护管理

管井的建造一般包括钻凿井孔、物探测井、冲孔、换浆、井管安装、回填滤料、粘土封闭、洗井及抽水试验等主要工序，最后进行管井验收。

（一）钻凿井孔

钻凿井孔的方法主要有回转钻进和冲击钻进，用得最广泛的是回转钻进。

1. 回转钻进

回转钻进是用回转钻机带动钻头旋转对地层切削、挤压、研磨破碎而钻凿成井孔的。

回转钻进的一般设备、机具装置如图4-15所示。钻塔是吊装各类机具的支架和操作钻机钻进的场所。钻塔的顶部装有一滑轮组，称为天车，它是吊装各类机具的支点。钻机是主要动力传动设备，转盘带动钻杆和钻头旋转并对地层进行切削，卷扬机用于吊装各种机具。

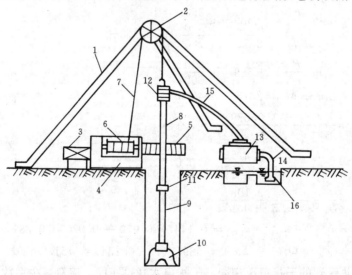

图4-15 回转钻进机具装置示意图

1—钻塔；2—天车；3—电动机；4—钻机；5—转盘；6—卷扬机；7—钢丝绳；
8—主钻杆；9—钻杆；10—钻头；11—钻杆接手；12—提引龙头；13—泥浆泵；
14—泥浆管；15—泥浆高压胶管；16—泥浆池

钻凿松散地层常用的钻头有鱼尾钻头、三翼钻头和牙轮钻头等。鱼尾钻头为两翼钻头，如图 4-16 所示。在鱼尾钻头切削地层的刀刃上焊有高硬度的合金，在三翼钻头切削地层部位装有高硬度的牙轮，即牙轮钻头，它钻进速度快，稳定性好，但构造较复杂。

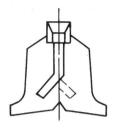

图 4-16 鱼尾钻头

钻杆为圆形空心的无缝钢管，可以通过泥浆。在钻杆中，只有一根主钻杆，长度视钻塔高度而定。主钻杆一般为方形，钻机转盘在方形孔卡住主钻杆，带动其旋转。主钻杆连接普通钻杆，钻杆再连接钻头。钻头向地层深部钻进是靠不断提升、接长钻杆实现的，所以钻杆的总长度应大于设计井深。

提引龙头在主钻杆的上方，由卷扬机的钢丝绳牵引，悬吊于天车之下。提引龙头可使钻具上下升降，其内装有高压轴承，能保证主钻杆自由转动。提引龙头是空腹的，可以让泥浆泵送来的高压泥浆通过，送往井下深处，以保持钻孔稳定及冷却钻头。

回转钻进过程是：钻机的动力（电动机或柴油机）通过传动装置使转盘旋转，转盘带动主钻杆，主钻杆接钻杆，钻杆接钻头，从而使钻头旋转并切削地层不断钻进。当钻进一个主钻杆深度后，由钻机的卷扬机提起钻具，将钻杆用卡盘卡在井口，取下主钻杆，接一根钻杆，再接上主钻杆，继续钻进，如此反复进行，直至设计井深。钻头切削地层时，将产生巨大热量，必须加以润滑和冷却。同时，钻头切削下来的岩石碎屑必须从井孔中清除出来。在钻进过程中，一般用含砂量极低的优质粘土在泥浆池中调制成一定浓度的泥浆，再用高压泥浆泵将泥浆加压，通过高压胶管、提引龙头、钻杆腹腔，向下通过钻头喷射至工作面，一方面起到冷却钻头、润滑钻具的作用，同时又能与被切削下来的岩土碎屑混合，在压力作用下，沿着井孔与钻杆之间的环形空间上升至地面，流入泥浆池。被泥浆携带到地表的岩土碎屑在第一泥浆池中沉淀下来，去除岩土碎屑后流入第二个泥浆池，继续使用。此外，因泥浆始终充满井孔，又有较大的比重，能起到平衡地层侧压力、保护井壁、防止井孔坍塌的作用。

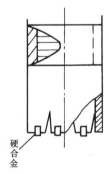

图 4-17 岩心钻

在基岩地层中钻井，必须使用岩心钻头，如图 4-17 所示。岩心钻头依靠镶焊在钻头上的硬合金切削地层。在钻头钻进过程中，它只将沿井壁的岩石切削粉碎，中间部分就成为圆柱状的岩石，称为岩心。岩心可以取到地面上来，供观察分析岩石的矿物成分、结构构造以及地层的地质构造等用。岩心回转钻进的机具和工作方法与回转钻进基本相同。

2. 冲击钻进

冲击钻进主要靠钻头对地层的冲击作用来钻凿井孔。冲击钻进过程是：钻机的动力通过传动装置带动钻具钻头在井中做上下往复运动，冲击破碎地层。当钻进一定深度（约 0.5m）后，即提出钻具，放下取土筒，将井内岩土碎块取上来，然后再放下钻具，继续冲击钻进。如此重复钻进，直至设计井深。冲击钻进是不连续的，钻进效率较低，进尺速度慢。但冲击钻进钻具设备简单、轻便，在供水管井施工中，也有采用。

（二）物探测井

井孔打成后，需马上进行物探测井，查明地层结构，含水层与隔水层的深度、厚度，地下水的矿化度（总含盐量）和咸、淡水分界面等，以便为井管安装、填砾和粘土封闭提供可靠资料。

（三）冲孔、换浆

井孔打成后，在井孔中仍充满着泥浆，泥浆稠度较大，含有大量泥质，无法安装井管、进行填砾和粘土封闭。在下管前必须将井孔中的泥浆及沉淀物排出孔外。方法很简单，用钻机将不带钻头的钻杆放入井底，用泥浆泵吸取清水打入井中，将泥浆换出，此工序称为冲孔、换浆。要求换浆彻底，至井孔中出水全为清水为止。清水护壁作用不如泥浆好，有可能造成井壁局部坍塌，所以要求在换浆彻底的基础上，尽量缩短冲孔时间，换浆完毕后应立即下管。

（四）井管安装

井孔换浆完毕后，应立即进行井管安装，简称下管。下管前应根据凿井资料，确定过滤器的长度和安装位置，又称排管。下管的顺序一般为沉淀管、过滤器、井壁管。井管安装必须保证质量，接口要牢固，井管要顺直，不能偏斜和弯曲，过滤器要安装到位，否则将影响填砾质量和抽水设备的安装及正常运行，甚至造成整个管井的质量不合格。

井管安装时，先将第一根井管吊入井孔中，在井口用卡盘将井管的上端卡住，然后吊起第二根井管并与第一根井管连接，一般可用螺纹连接或焊接，接好后向井孔中下放，然后再用卡盘卡住第二根井管，连接第三根井管，重复以上过程，直至第一根井管放到井底。

长度大、重量大的井管安装时，可采用安装浮力塞的方法以减轻井管的重量。下管时，可在井壁管中加装用强度较小的材料做成的浮力塞（如圆木板外加橡胶圈），使井管下沉时产生浮力。待下管完毕后，用钻杆将浮力塞凿通即可。

为保证井管在井孔中顺直居中，可采用加扶正器的方法。例如，用长约20cm、宽5～10cm、厚度略小于井管外壁与井壁之间距离的三块木块，在井管外壁按120°放置，用铁丝缠牢，即为常用的扶正器。木块宽度不宜过大，过宽将影响填料。扶正器数量越多，扶正效果越好，但扶正器过多也将影响砾料的回填。一般每隔30～50m安装一个扶正器。

井管安装还可采用托盘法。采用托盘法下管时，一般用铸铁或混凝土做成比井管外径略大的托盘承托全部井管，借助起重钢丝绳将其放入井孔内。当托盘放至井底后，利用中心钢丝绳抽出固定起重钢丝绳的销钉，即可收回起重钢丝绳，托盘则留在井底。

（五）填砾和粘土封闭

下管完毕后，应立即填砾和封闭。管井填砾和封闭质量的优劣，都直接影响管井的水质和水量。填砾时要平稳、均匀、连续、密实，应随时测量填砾深度，掌握砾料回填状况，以免出现中途堵塞现象。一般情况下，回填砾料的总体积应与井管与孔壁之间环形空间的体积大致相等。

粘土封闭一般用粘土球，球径约25mm。采用粘土球进行井管外封闭的方法与填砾的方法相同。封闭时，粘土球一定要下沉到要求的深度，中途不可出现堵塞现象。当填至井口时，应进行夯实。

（六）洗井和抽水试验

1. 洗井

在钻凿井孔过程中，由于泥浆向含水砂层中的渗透作用，在含水砂层部位的井壁上可形成一层几个毫米厚的泥浆壁，俗称泥皮，而且在井周围的含水层中将滞留有大量的粘土颗粒和岩土碎屑，严重影响地下水的流动和含水层的出水量。洗井就是用抽水的方法，使地下水产生强大的水流，冲刷泥皮和将杂质颗粒冲带到井中，再抽到地面上去，从而达到清除含水层中的泥浆和冲刷掉井壁上的泥皮的目的。同时，洗井还可以冲洗出含水层中的部分细小颗粒，使井周围含水层形成天然反滤层，使管井的出水量达到最大的正常值。

洗井工作应在下管、填砾、封闭之后立即进行，以防止泥浆壁硬化，给洗井带来困难。洗井方法主要有水泵洗井、压缩空气洗井、活塞洗井等多种方法。

水泵洗井，是使用水泵进行抽水，使水位降深达到水泵可能达到的最大值，从而达到洗井的目的。

压缩空气洗井，是用空气压缩机，通过高压胶管将空气压入井中，借助水气混合的冲力不仅可以更有效地破坏泥浆壁，而且可以夹带较多的泥浆、岩土碎屑、砂粒，将其运送到井口以外。因此，洗井效率高，洗井比较彻底，是目前生产上采用较多的洗井方法。但对于砂层颗粒较细的含水层一般不宜采用此方法，因它携走的砂粒较多，对砂层有一定的破坏作用。

活塞洗井，是用安装在钻杆上带有活门的活塞（通常用橡胶薄板做成），在井壁管内上下拉动，它借助真空抽吸作用和压缩作用，使在过滤器周围形成反复冲洗的水流，以破坏泥浆壁，清除含水层中残留的泥浆颗粒。活塞洗井强度大，洗井彻底，洗井效果良好。尤其是对本身颗粒细、含泥质较多的含水层，能较彻底地清除含水层中的泥质，使其过水通畅，出水量明显增大。但由于它机械强度大，易破坏井管，尤其是对非金属井管。为防止提拉活塞损坏井管，活塞提拉速度不宜过大。如采用轻软质的活塞，减慢提拉速度，可防止井管破坏。

洗井方法很多，应根据井管的结构、施工状况、地层的水文地质条件以及设备条件加以选用。

洗井的标准是彻底破坏泥浆壁，将含水层中残留的泥浆和岩土碎屑清除干净，以使出水清澈。当井水含砂量在 1/50000～1/20000 以下（1/50000 以下适用粗砂地层，1/20000 以下适用于细砂地层）时，洗井为合格，可以结束洗井工作。

2. 抽水试验

抽水试验是管井建造的最后阶段。一般在洗井的同时，就可以做抽水试验。抽水前应测出地下水静水位，抽水时要测定井的出水量和相应的水位降深值，以评价井的出水量；采取水样进行分析，以评价地下水的水质。

有关抽水试验的技术要求和操作方法，见第一章第三节。

（七）管井的验收

管井验收是管井建造后的一项重要工作，只有验收合格后，管井才能投产使用。管井竣工后，应由设计单位、施工单位和使用单位根据《供水管井设计、施工及验收规范》共同验收。只有管井的施工文件资料齐全，水质、水量，管井的质量均达到设计要求，甲方才能签字验收。作为饮用水水源的管井，应经当地的卫生防疫部门对水质检验合格后，方可投产使用。

管井验收时，施工单位应提交下列资料：

（1）管井施工说明书。该说明书系综合性施工技术文件，应有管井的地质柱状图；井的结构，其中包括井径、井深、过滤器规格和位置、填砾和封闭深度、井位坐标和井口绝对高程等；施工记录，其中包括班报表、交接班记录表、发生事故情况、事故处理措施和处理结果等；有关资料，其中包括井管安装资料，填砾、封闭施工记录资料，洗井和含砂量测定资料，抽水试验原始记录表及水文地质参数计算资料，水的化学分析及细菌分析资料等。

（2）管井使用说明书。该文件包括：井的最大允许开采量和适用的抽水设备类型及规格型号；水井使用中可能发生的问题及使用维修方面的建议；为了防止水质恶化和管井损坏，所提出的关于维护方面的建议。

（3）钻进中的岩样。钻进中的岩样应分别装在木盒或塑料袋中，并附有标明岩土名称、取样深度、岩性描述及取样方法的卡片和地质编录原始记录。

上述资料是管井管理的重要依据，使用单位必须将此作为管井的技术档案妥善保存，以备分析、研究管井运行中可能出现的问题。

（八）管井的维护管理

管井使用合理与否，使用年限长短，能否发挥其最大经济效益，维护管理是关键。目前，很多管井由于使用不当，出现了水量衰减、堵塞、漏砂、淤砂、涌砂、咸水侵入，甚至导致早期报废，就是因为管井的维护管理不好造成的。因此，若要发挥管井的最大经济效益，增长管井的寿命，必须加强管井的维护管理。

1. 管井建成后，应及时修建井室，保护机井。机房四周要填高夯实，防止雨季地表积水向机房内倒灌。井室内要修建排水池和排水管道，及时排走积水。井口要高出地面 0.3～0.5m，周围用粘土或水泥封闭，严防污水进入井中。

2. 要依据机井的出水量和丰、枯季节水位变化情况，选择合适的抽水设备。抽水设备的出水量应小于管井的出水能力，应使管井过滤器表面进水流速小于允许进水速度，以防止出水含砂量的增加，保证滤料层和含水层的稳定性。

3. 每眼管井都要建立使用档案和运行记录，要确切记录抽水起始时间、静水位、动水位、出水量、出水压力以及水质（主要是含盐量及含砂量）的变化情况。详细记录电机的电位、电压、耗电量、温度等和润滑油料的消耗以及机泵的运转情况等，一旦出现问题，应及时处理。为此，管井应安装水表及观测水位的装置。

4. 严格执行管井、机泵的操作规程和维持制度。井泵在工作期间，机泵操作和管理人员必须坚守岗位，严格监视电器仪表，出现异常情况，及时检查，查明原因，或停止运行进行检查。机泵必须定期检修，保证机泵始终处于完好状态下运行。

5. 如管井出现出水量减少、井水含砂量增大等情况，应请专家和工程技术人员进行仔细检查，找出原因，并请专业维修队进行修理，尽快恢复管井的出水能力。

6. 对于季节性供水的管井或备用井，在停泵期间，应隔一定时间进行一次维护性的抽水，防止过滤器发生锈结，以保持井内清洁，延长管井使用寿命，并同时检查机、电、泵诸设备的完好情况。

7. 对机泵易损易磨零件，要有足够的备用件，以供发生故障时及时更换，将供水损失减少到最低限度。

管井（井群）供水应有备用井，备用井数按满足供水要求条件下生产井数的 10%～20% 设计，但至少有一眼备用井。

8. 管井周围应按卫生防护规范要求，设置供水水源卫生防护带。

第三节 大 口 井

一、大口井的形式与构造

大口井由井径大而得名。大口井是广泛用于开采浅层地下水的取水构筑物。一般井径大于 1.5m 即可视为大口井，常用大口井直径为 3～6m，最大不宜超过 10m。井深一般在 15m 以内。大口井也有完整式和非完整式之分，完整大口井只有井壁进水，适用于含水层颗粒粗、厚度薄（5～8m）、埋深浅的含水层；在浅层含水层厚度较大（大于 10m）时，应建造不完整大口井，井壁和井底均可进水，进水范围大，集水效果好，调节能力强，是较为常用的井型。

大口井具有构造简单、取材容易、施工方便、使用年限长、容积大能兼起调节水量作用等优点。但大口井深度小，对潜水水位变化适应性差。

大口井的一般构造如图 4-18 所示。主要由井口（井台）、井筒和进水部分组成。

井口，大口井地表以上部分，主要作用是防止洪水、污水以及杂物进入井内，井口应高出地表 0.5m 以上并在井口周边修建宽度为 1.5m 的排水坡。若覆盖层为透水层，排水坡下面还应填以厚度不小于 1.5m 的夯实土层。同时，还要考虑安装扬水设备等。

井筒，进水部分以上的一段，通常用钢筋混凝土浇灌或砖、石砌筑而成，用以加固井壁与隔离不良水质的含水层。

进水部分，包括进水井壁和井底反滤层。

二、大口井的设计与计算

（一）大口井的设计

1. 进水部分设计

进水部分包括井壁进水部分和井底反滤层。

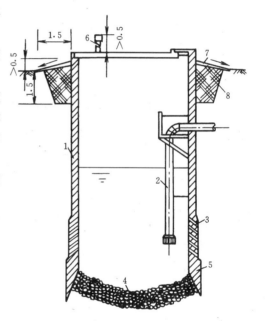

图 4-18 大口井的构造
1—井筒；2—吸水管；3—井壁透水管；4—井底反滤层；
5—刃脚；6—通风管；7—排水坡；8—粘土层

（1）井壁进水

井壁进水是在井壁上做成水平或倾斜的进水孔，斜孔倾斜角度不超过 45°，如图 4-19 所示。

进水孔一般为圆形，直径为 100～200mm；也有做成矩形孔的，尺寸为 100mm×200mm～200mm×250mm。进水孔交错排列于井壁，其孔隙率在 15% 左右。为起到集水滤砂作用，孔内装填一定级配的滤料，孔的两侧设置钢丝网，以防滤料漏失。

井壁进水还可利用透水井壁，它可以用无砂混凝土制成，也可以用砖、块石和无砂混凝土砌块砌筑而成。无砂混凝土透水井壁制作方便，结构简单，造价低，但在粉、细砂含水层中和含铁地下水中易堵塞。

（2）井底反滤层

为保持井底良好进水,通常井底铺设反滤层。反滤层一般为3～4层,成锅底状,滤料自下而上由细变粗,每层厚度200～300mm,总厚度0.75～1.2m,如图4-20所示。含水层为粉、细砂层时,反滤层的层数和厚度适当增加。由于刃脚处渗透压力较大,易涌砂,靠刃脚处滤层厚度应加厚20%～30%。

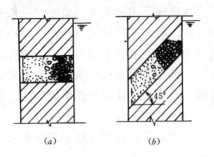

图4-19 大口井井壁进水孔
(a) 水平孔;(b) 斜形孔

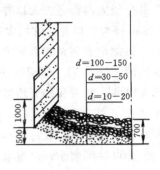

图4-20 大口井井底反滤层(单位:mm)

与含水层相邻的第一层滤料粒径一般可按下式计算:

$$\frac{D}{d_i} \leqslant 7 \sim 8 \tag{4-23}$$

式中 D——与含水层相邻的第一层滤料粒径,mm;
　　d_i——含水层颗粒的计算粒径,mm。

当含水层为细砂或粉砂时,$d_i = d_{40}$;中砂时 $d_i = d_{30}$;粗砂时 $d_i = d_{20}$。

相邻滤料之间的粒径比值,一般是上一层为下一层的2～4倍。

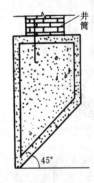

图4-21 刃脚结构示意图

2. 井筒结构设计

井筒一般多为空心圆柱体(圆管),井筒壁的厚度随造井材料不同而异,砖石井筒多为24～50cm,钢筋混凝土井筒多为24～40cm。

3. 刃脚设计

为便于井筒或进水井壁下沉,在井筒或进水井壁最下端应设置钢筋混凝土刃脚,在井身下沉时用以切削地层,刀刃与水平面的夹角约为45°～60°,如图4-21所示。为减小摩擦力,刃脚外缘应凸出井筒5～10cm,刃脚高度为50～100cm。刃脚通常在现场浇注而成。

(二) 大口井的水力计算

1. 完整大口井

可按完整管井出水量式(4-2)和式(4-3)计算。

2. 井底进水的大口井计算公式

对于潜水含水层,当 $T \geqslant r$ 时,如图4-22所示。

$$Q = \frac{2\pi K S_0 r}{\frac{\pi}{2} + \frac{r}{T}\left(1 + 1.185 \lg \frac{R}{4H}\right)} \tag{4-24}$$

式中 Q——井的出水量,m³/d;
　　S_0——出水量为 Q 时,井的水位降落值,m;
　　K——渗透系数,m/d;

R——影响半径，m；

H——含水层厚度，m；

T——含水层底板到井底的距离，m；

r——井的半径，m。

当含水层很厚（$T \geqslant 8r$）时，可用下式计算：

$$Q = AKS_0 r \tag{4-25}$$

式中　A——系数，当井底为平底时，$A=4$；当井底为球形时，$A=2\pi$；

其余符号意义同前。

3. 井壁和井底同时进水大口井计算公式

对于潜水含水层，大口井井壁和井底同时进水，可利用水量叠加方法计算，如图 4-23 所示。

$$Q = \pi K S_0 \left(\frac{2h - S_0}{2.3 \lg \dfrac{R}{r}} + \frac{2r}{\dfrac{\pi}{2} + \dfrac{r}{T}\left(1 + 1.185\lg \dfrac{R}{4H}\right)} \right) \tag{4-26}$$

式中符号如图 4-23 所示，其余符号意义同前。

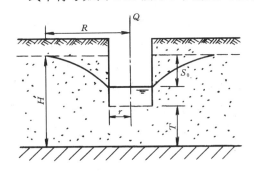

图 4-22　无压含水层中井底进水
大口井计算简图

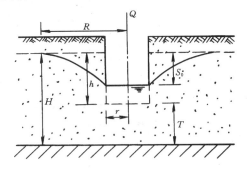

图 4-23　无压含水层中井壁井底进水
大口井计算简图

三、大口井的施工与维护管理

（一）大口井的施工

大口井的施工方法主要有大开槽法和沉井法。

1. 大开槽施工法：是将基槽一直开挖到设计井深，并进行排水，在基槽中进行砌筑或浇注透水井壁和井筒以及铺设反滤层等工作。大开槽施工的优点是：施工方便，便于铺设反滤层，可以直接采用当地的建筑材料。但此法开挖土方量大，施工排水费用高。一般情况下，此法只适用于口径小（$D<4\text{m}$）、深度浅（$H<9\text{m}$），或地质条件不宜采用沉井施工的地方。

2. 沉井施工法：是先在井位处开挖基坑，将带有刃脚的井筒或进水井壁放在基坑中，再在井筒内挖土，让井筒靠自重切土下沉。随着井内继续挖土，井筒不断下沉，于是可在上面续接井筒或进水井壁，直至设计井深。

沉井施工有排水与不排水两种方式。排水施工使井内在施工过程中保持干涸的空间，便于井内施工操作，但排水费用较高。不排水施工，利用机械（如抓斗、水力机械）进行水下取土，其优点是节省排水费用，施工安全；但铺设井底反滤层困难，不容易保证质量。

沉井施工法具有很多优点，如土方量少，施工场地小，施工安全，排水费用低，对含水层扰动程度轻，可避免流砂现象发生，对周围建筑物影响小等。所以在地质条件允许时，应尽量采用沉井施工法。但沉井施工法技术要求高，在下沉过程中可能会出现井筒倾斜、下沉困难，或到位后难以控制下沉趋势等问题，施工前应做充分的准备。

(二) 大口井维护管理

大口井的维护管理基本上与管井相同。值得提出的是，很多大口井建造在河漫滩、河流阶地及低洼地区，需考虑不受洪水冲刷和被洪水淹没。大口井要设置密封井盖，井盖上应设密封人孔（检修孔），并应高出地面 0.5～0.8m；井盖上还应设置通风管，管顶应高出地面或最高洪水位 2.0m 以上。

第四节 辐射井与复合井

一、辐射井的形式与构造

辐射井是由集水井与若干呈辐射状铺设的水平集水管（辐射管）组合而成的，如图4-24所示。它与大口井相比，更适用于较薄的含水层和厚度小而埋深大的含水层。辐射井是一种高效能的地下水取水构筑物，由于集水面积大，其单井日产水量可达 10 万 m^3 以上。

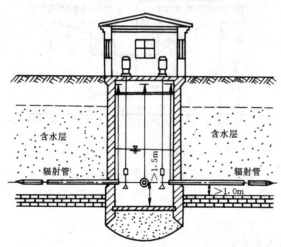

图 4-24 单层辐射管的辐射井

辐射井按集水井是否进水又分为两种形式：一是集水井底与辐射管同时进水；二是集水井底封闭，仅靠辐射管集水。前者适用于厚度较大的含水层（5～10m），后者适用于较薄的含水层（≤5m）。

辐射井还可以集取河流或其他地表水体渗透的地下水。当辐射管铺设于河床下面时，不仅水量充沛，而且由于河水经地层天然过滤，水质优良，因而是城市供水重要的水源之一。

辐射井还有以下优点：管理集中，占地省，便于卫生防护等。但辐射井施工技术难度较大，成本较高。

辐射井主要由集水井和辐射管两部分组成。集水井用来汇集从辐射管来的水，同时是辐射管施工的场所，又是抽水设备安装的场所。辐射管是用来集取地下水的，按辐射管铺设方式，可分单层辐射管和多层辐射管。

二、辐射井的设计与计算

(一) 辐射井的设计

1. 集水井

集水井的直径由安装抽水设备和辐射管施工要求而定，一般不应小于3m。集水井结构与大口井很相似。对于不封底的集水井还兼做取水井之用，虽然增大了井的出水量，但对辐射管的施工及维护均不方便。

集水井通常采用圆形钢筋混凝土井筒,用沉井法施工。

2. 辐射管

辐射管一般采用厚壁钢管,以便直接顶管施工。进水孔有圆孔和条孔两种,以圆孔使用较多。孔径大小应按含水层颗粒大小和组成而定,可参照表4-2。孔眼在集水管上交错排列。辐射管布置分为单层和多层,多层进水量大,但相互干扰也大。每层集水管条数根据地下水补给情况而定,一般采用4~8根。最下层集水管距含水层底板应不小于1m,以利进水;同时应高于集水井井底1.5m,以便顶管施工。辐射管直径一般为75~150mm,长度在30m以内。多层辐射管,层间距离采用1~3m。当含水层颗粒粗、透水性强、补给条件好时,辐射管管径可以选用大一些。在潜水含水层中,迎地下水水流方向的辐射管宜长一些。

为利于集水和排砂,辐射管向集水井方向应有一定的倾斜坡度(1/100~1/200)。为防止地表水经集水井外壁下渗,除在井口外围围填粘土外,最好在靠近井壁2~3m内的辐射管上不穿孔眼。

(二)辐射井的水力计算

辐射井的出水量计算比较复杂,除了水文地质条件外,还与辐射管的管径、长度、根数、布置方式等有密切关系。所以,现有辐射井计算公式都有一定的局限性,计算结果与实际出水量都有不同程度的出入,只能作为计算辐射井出水量的参考。

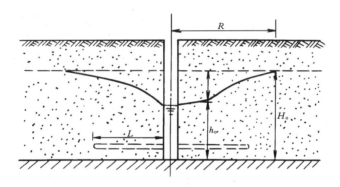

图 4-25 潜水含水层辐射井计算简图

1. 承压含水层辐射井

可按下列公式计算其出水量:

$$Q = \frac{2.73 KMS_0}{\lg \frac{R}{r_a}} \quad (4-27)$$

$$r_a = 0.25^{1/n} \cdot l \quad (4-28)$$

式中 Q——辐射井出水量,m^3/d;

R——辐射井的影响半径,m;

r_a——等效大口井半径,m;

l——辐射管长度,m;

n——辐射管根数;

其他符号意义同前。

2. 潜水含水层辐射井

如图 4-25 所示，可按下列公式计算：

$$Q = q \cdot n \cdot \alpha = 1.609q \cdot n^{0.3116} \tag{4-29}$$

$$\alpha = \frac{1.609}{n^{0.6884}} \tag{4-30}$$

$$q = \frac{1.366K(H^2 - h_0^2)}{\lg \frac{R}{0.75l}} \tag{4-31}$$

式中 q——单根辐射管的出水量，m^3/d；

n——辐射管根数；

α——辐射管间的干扰系数；

l——辐射管长度，m；

R——辐射井的影响半径，m；

其他符号意义同前。

三、辐射井的施工与维护管理

(一) 辐射井施工

集水井的施工方法基本上同大口井，多采用沉井法。

辐射管施工多采用顶进法，以集水井为工作间，将油压千斤顶水平放置，由千斤顶将带有顶管帽的厚壁钢质辐射管顶入含水层,辐射管顶入位置对面的井壁为后支撑,如图4-26所示。在顶进过程中，在辐射管内放入排砂管，与顶管帽相连接，含水层地下水在压力作用下，挟带细粒砂，经顶管帽的孔眼进入排砂管，排至集水井。由于细小砂粒不断自含水层中排走，辐射管则借助顶力得以不断地穿进地层；同时，在辐射管周围可形成透水性良好的天然反滤层。由于井壁处有填料止水装置，在施工过程中，地下水不能由辐射管孔眼进入井内。顶进一节辐射管后，再接一节辐射管，一般用螺纹连接，直至设计长度。由于辐射管在集水井中水平顶入地层，故受井径的限制，一节辐射管的长度一般为 1~2m。

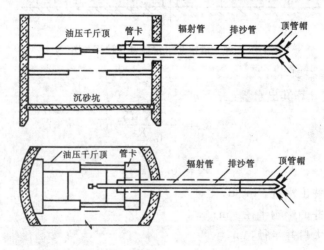

图 4-26 辐射管顶进施工法

(二) 辐射井的维护管理

辐射井的维护管理基本上同大口井。

四、复合井

复合井是大口井和管井的组合。即当含水层厚度很大，或含水层下面还有可以开采利用的含水层时，为充分利用含水层，增大出水量，在大口井下面设置一眼或数眼管井过滤器而组成复合井，如图4-27所示。复合井的大口井部分的构造和施工方法与前述大口井相同，下面的管井构造基本上与普通管井相同。

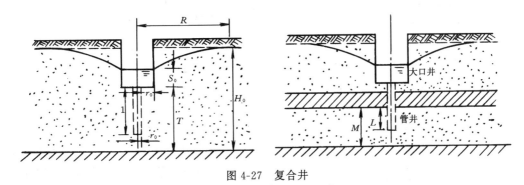

图 4-27 复合井

当增加管井部分的过滤器直径时，可以增加复合井的出水量，但管井部分对大口井底部和井底进水的干扰程度也将增加，故过滤器的直径不宜过大，一般以200～300mm为宜。

若含水层厚度较大，管井的深度以采用非完整过滤器为宜，一般L/M或$L/T<0.75$。

第五节 渗 渠

一、渗渠的形式与构造

（一）渗渠的形式

渗渠是主要集取浅层地下水的水平地下水取水构筑物，包括在地面开挖、集取地下水的渠道和水平埋设在含水层中的集水管渠，如图4-28。渗渠适用于开采埋深小于2m、厚度小于6m的含水层。因此，渗渠的深度（或埋设深度）一般为4～7m，很少超过10m。渗渠主要靠加大长度增加出水量，以此区别于井。渗渠也可分为完整式和不完整式。

采用明渠集取地下水，是渗渠的一种集水形式。明渠可在地面上直接开挖建成，其成

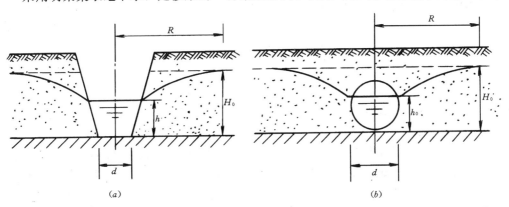

图 4-28 潜水完整渗渠
(a) 集水明渠；(b) 集水管

本低，适用于开采浅层地下水。由于明渠所集水暴露于地表，易受污染。

集水管（渠）埋设在地表以下的含水层中。受地表污染较轻，安全可靠，是取水工程中较常用的形式。采用集水管取水，其水量相对较小，施工复杂，成本较高。

渗渠主要埋设在河漫滩、河流阶地含水层中，用于集取河流下渗水和地下水潜流水。由于这一地带含水层颗粒粗，渗透性能良好，又能接受河水的补给，地下水量丰富。但这些地区地下水埋藏浅，不适于用井类构筑物开采地下水，故采用集水渗渠较为适宜。

渗渠汇集的地下水，经过了地层的过滤，水质相对较好。

渗渠汇集的地下水，由于渗透途径较短，其水质往往兼有河水和普通地下水质的特点，如浊度、色度、细菌总数较河水低，而硬度、矿化度较河水高。

（二）渗渠的构造

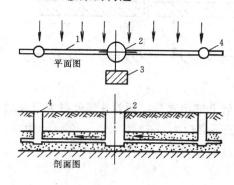

图 4-29 渗渠
1—集水管；2—集水井；3—泵站；4—检查井

渗渠一般由集水管（渠）、集水井、检查井和泵站组成，如图 4-29 所示。

集水管既是集水部分，也是向集水井输水的通道。集水管常用有孔眼的钢筋混凝土管。也可用带缝隙的浆砌块石或装配式混凝土构件砌筑成拱形暗渠。水量较小时，也可以用穿孔铸铁管和塑料管。

集水井用以汇集集水管来水，并安装水泵或吸水管，同时兼有调节水量和沉砂作用。一般多采用钢筋混凝土结构，常修成圆形，也有矩形的。

为便于检修、清通，应在集水管末端、转角处和变径处，设置检查井，直线段每隔 30～50m 设置一个检查井，当集水管管径较大时，距离还可以适当增大一些。

二、渗渠的位置选择与布置方式

（一）渗渠的位置选择

渗渠位置的选择关系到渗渠的出水量、出水水质、出水的稳定性、渗渠的使用年限以及建造成本等重大问题。渗渠的位置应选择在：

1．水流较急、有一定冲刷力的直线河段或弯曲河段的凹岸，并尽可能靠近河流主流；

2．含水层较厚并无不透水夹层的地带；

3．河床稳定、河水较清、水位变化较小的地段。

（二）渗渠的布置方式

渗渠的布置方式一般有以下几种方式：

1．平行于河流布置

如图 4-30 所示，当渗渠平行河流布置时，即为垂直地下水流向布置形式之一。这种布置形式，在枯水季节，地下水补给河水，渗渠可以截取地下水；在丰水季节，河水补给地下水，渗渠可以截取河流下渗水。因此，渗渠的出水量比较稳定，全年产水量均衡，水量也充沛，并且施工与维修均较方便。

对于完全集取地下水的渗渠，应尽量垂直地下水流向布置。

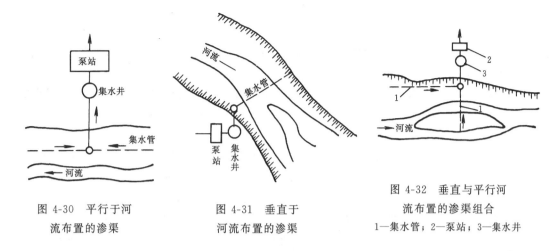

图 4-30 平行于河流布置的渗渠

图 4-31 垂直于河流布置的渗渠

图 4-32 垂直与平行河流布置的渗渠组合
1—集水管；2—泵站；3—集水井

2. 垂直于河流布置

当河流两侧地下水补给较差，河流枯水期流量小，河流主流摆动不定，河床冲积层较薄时，为了最大限度地截取河床渗透水，将集水管横贯于河床之下，如图 4-31 所示，平行地下水流向布置。此种布置形式，优点是集取水量大；缺点是施工、检修均较困难，且出水量、水质受河流水位、水质的影响变化较大，也易于淤塞。

在区域冲积平原地区，截取地下水的渗渠不宜平行地下水流向布置。

3. 平行和垂直组合布置

如图 4-32 所示，垂直和平行河流布置，实为平行和垂直地下水流向的渗渠组合，兼有二者的优点，产水量较稳定，取水安全可靠，适应性强，但建造费用高。

三、渗渠的设计与计算

（一）渗渠的设计

1. 集水管（渠）

集水管（渠）中水流通常是非充满的无压流，其充满度（管渠内水深与管渠内径的比值）一般采用 0.4~0.8。管内流速一般采用 0.5~0.8m/s。管渠的设计动水位最低要保持集水管内有 0.5m 的水深；当含水层较厚，地下水量丰富，管渠内水深宜再大些。集水管向集水井的最小坡度不小于 0.2%。

集水管管径应根据最大集水流量经水力计算确定，一般在 600~1000mm。对于小型取水工程，可不考虑进入管中清淤问题，管径可小些，但不得小于 200mm。当渗渠总长度很长时，应分段进行计算，按出水流量确定管径，但规格不宜过多。设计时，应根据枯水期水位校核最小流量；根据洪水期水位校核管径。

集水管进水孔有圆形孔和条形孔两种，圆形进水孔眼直径为 20~30mm，条形孔宽度为 20mm，长度为宽度的 3~5 倍。孔眼交错排列在管上部 1/2~2/3 部位。孔眼间距应考虑不破坏集水管结构强度的要求，开孔率为 10%~15%。

集水管外应铺设人工反滤层，反滤层应铺设在渗透来水方向。当集取河床渗透水时，只需在集水管上方水平铺设反滤层；当集取河流补给水和地下潜流水时，应在上方和两侧铺设。反滤层的层数、厚度和滤料粒径同大口井井底反滤层，一般采用 3~4 层，每层厚 200~300mm，上厚下薄，上细下粗。

2. 集水井

为检修方便，集水管进水口处应设闸门。集水井应封闭，以防杂物及洪水进入，井顶设人孔和通风管。当产水量较大时，集水井应分成两格，靠近进水管一格为沉砂室，后一格为吸水室。

集水井容积，当渗渠产水量较小时，可按不超过 30min 的产水量来计算；产水量大时，可按不小于一台水泵 5min 的抽水量来计算。

3. 检查井

检查井通常用砖砌筑，内壁用混凝土护衬。圆形检查井下部直径不小于 1.0m，上口径不小于 0.7m，井底应设 0.5~1.0m 深的沉砂坑。井口应高出地面 0.5m，并加井盖。

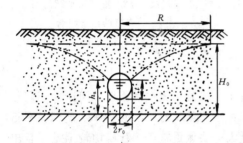

图 4-33 潜水含水层不完整式渗渠计算图

（二）渗渠的出水量计算

影响渗渠出水量的因素很多，它不仅与水文地质条件和管渠布置形式有关，还与地表水体的水文条件有关。因此，在选用计算公式时，必须了解公式适用条件；否则，计算结果就会与实际情况有很大的差异。以下介绍常用的渗渠计算公式。

潜水完整式渗渠如图 4-28 所示，渗渠两侧水文地质条件相同时，出水量计算公式为：

$$Q = KL \frac{(H_0^2 - h_0^2)}{R} \tag{4-32}$$

式中　Q——渗渠出水量，m^3/d；

　　　K——渗透系数，m/d；

　　　L——渗渠长度，m；

　　　R——影响半径，m；

　　　H_0——对应于 R 的含水层厚度，m；

　　　h_0——渗渠内水位至含水层底板的高度，m。

潜水非完整渗渠如图 4-33 所示，渗渠两侧水文地质条件相同，渠壁和渠底同时进水时，出水量计算公式为：

$$Q = KL \frac{(H^2 - h_0^2)}{R} \cdot \sqrt{\frac{t + 0.5r_0}{h_a}} \cdot \sqrt[4]{\frac{2h_a - t}{h_a}} \tag{4-33}$$

式中　t——渗渠内水深，m；

　　　r_0——渗渠半径，m；

　　　h_a——渗渠中水位至潜水含水层底板的距离，m；

　　　其余符号意义同前。

其他形式的渗渠计算请参阅有关资料。

四、渗渠的施工与维护管理

（一）渗渠的施工

1. 集水管（渠）的施工

（1）开槽施工法

当潜水埋藏浅、含水层厚度不大时，埋设集水管可以实行明沟开挖施工方法，在开挖的基槽中敷设集水管和铺设人工反滤层。开挖断面要考虑管道的尺寸、含水层的岩性和便于施工安装。集水管渠最好坐落在隔水粘性土层或基岩上。如集水管必须坐落在松散地层上，基础必须夯实，管径较大时，需做混凝土基础；如以基岩为基础时，必须铺设20～30cm厚的粗砂；当砌筑集水渠时，必须做混凝土基础。管沟的边坡依含水层岩性而定，如含水层为河流松散堆积物时，一定要考虑边坡的稳定性，必要时要进行防护支撑和加固，以防坑壁坍塌。

施工排水和降低地下水位是施工中重要而复杂的工作。通常含水层颗粒粗，地下水水量丰富，所以排水量大，开挖前要进行排水量校核计算，排水设备的排水能力必须满足排水要求，并且要有备用的排水设备。如工程量大，短期内难以完成，需跨越洪水期时，则必须要考虑防洪措施，确保安全施工。

施工时，应严格按设计的人工滤层级配分层铺设；回填渗渠管沟时，可使用开槽时挖出的原土，以保持原含水层的渗透性能。

(2) 围堰施工法

在河床下埋设集水管时，应在枯水季节施工，必须将河水导流或用粘土围堰后方能开槽施工。在河床地段施工，施工排水更为重要，地层渗透性强，排水量大，要求排水设备排水能力强，效率高。施工排水对施工进度影响很大，应予以特别注意。

施工完毕后，应将土围堰拆除干净，以免改变原河床的水流方向。

(3) 开挖地道施工法

如潜水埋藏较深，开挖深度较大时，宜采用开挖地道法施工。施工中应特别注意开挖地层的稳定性，除特殊情况外，一般要进行防护支撑和加固，防止坑道坍塌。同时要进行施工排水，降低地下水位，应尽量避免水下施工。

2. 集水井的施工

渗渠集水井的结构和施工与辐射井的集水井极相似。

3. 检查井的施工

渗渠检查井的结构和施工基本上与排水工程中检查井的结构和施工方法相同。

(二) 渗渠的维护管理

1. 渗渠在运行中常存在不同程度的出水量衰减问题。渗渠出水量衰减有渗渠本身和地下水源及渗渠设计诸方面的原因。

属于渗渠本身的原因，主要是渗渠反滤层和周围含水层受地表水中泥砂杂质淤塞的结果。尤其是以集取河流渗透水为主的渗渠，这种淤塞现象普遍存在，有的还比较严重。防止渗渠淤塞一般可从如下几方面考虑：(1) 选择河水含泥砂杂质少的河段，合理布置渗渠，避免将渗渠埋设在排水沟附近，以防止堵塞和冲刷；(2) 控制取水量，降低水流渗透速度；(3) 保证反滤层的施工质量。

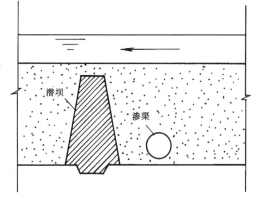

图 4-34 河床截水潜坝

如果发生区域性地下水位下降，河流流量减少；或河床变迁，主流偏移等水文地质条件的变化，渗渠出水量必然降低。为减少渗渠淤塞，延长渗渠使用寿命，发挥其应有的效益，尤其在枯水期，渗渠的取水量可小于渗渠的设计出水量。有条件和必要时，可采取某些河道整治措施，改善河段的水流状况，稳定河床的水量。为增加渗渠的出水量，有条件情况下，可在河床下面渗渠所在河床的下游10～30m范围内修建截水潜坝（又称暗坝），如图4-34所示，可取得较好的效果。

2. 洪水期有可能被淹没的集水井和检查井，应设有密封井盖，并用螺栓固定，以防止洪水冲开井盖涌入泥砂，淤塞管渠。

第六节　地下水人工补给

一、地下水人工补给的意义

随着国民经济的发展和城市规模的不断扩大，城乡居民的生活用水量和工矿企业生产需水量急剧增长，于是地下水的开采量越来越大。很多供水区由于超量开采地下水，造成地下水位连年大幅度下降，使地下水储量急剧减少，水质恶化，甚至引起地面大幅度沉降，导致海水入侵等各种危害。为解决这些紧迫的问题，可以对地下水进行人工回补，就是因地制宜地将地表水以不同的方式回补于地下含水层，以调节用水量的不均匀问题和调控地下水位。现将地下水人工补给的作用分述如下。

1. 调控地下水位，增加供水资源量

地下水位下降，必然导致潜水含水层被疏干和承压含水层弹性贮存量的减少。进行地下水人工补给，可以控制地下水位不致于继续下降，甚至可使地下水位回升，人为地增加了地下水资源量。

2. 以丰补欠，建立地下水库

在我国，大气降水和江河水量一年中很不均匀，尤其在我国北方干旱及半干旱地区，降水集中在7、8、9三个月，此时期降水量多，河水流量大，而用水量相对少；春季枯水季节，雨水稀少，河水位低，而地下水开采量大。这样，可以用丰水季节多余的地表水回补地下水，在枯水季节再抽取上来补充供水水源，地下含水层就起到了以丰补欠的地下水库的作用。

3. 改善地下水水质，扩大地下水资源

在我国北方地区，水资源十分紧缺。浅层含水层分布面积广，补给快，开采方便；但浅层含水层咸水分布面积较大，不能作为供水水源。在这类地区，可以将咸水抽取出来，人工回补淡水，使含水层由咸水变成淡水，扩大了可作为供水水源的地下水资源量。

4. 防止海水入侵，保护淡水含水层

在沿海地区，如过量开采地下水，当地下水位下降至海平面以下，将导致海水入侵。为防止海水入侵，一是严禁过量开采地下水，二是人工回补淡水，保护淡水含水层。

5. 控制地面沉降

由于大量抽取地下水，地下水位大幅度下降，地下土层孔隙水压力降低，造成粘性土层压缩，引起地面沉降。由于地面下沉引起地面工程地质状况发生一系列变化，极大地影响了经济建设和人民群众的生活。实行地下水人工回补，可以控制地下水位不致于继续下降或使其回升，以控制和预防地面沉降。如上海市自 80 年代引黄浦江水回补地下水，就有效地控制了地面下沉。

二、地下水人工补给的基本方法

人工补给地下水的方法很多，概括起来主要有地面入渗法和井孔灌注法两种。关于地下水人工补给方法的选择，应根据当地的水源情况和地形、地质、水文地质等特点及取水、回补设施现状来决定。

不管采用何种人工补给方法，都应确保回补水水质、回补水源不应使区域性地下水的水质受到污染，且不应含有使井管和过滤器腐蚀的特殊离子或气体。

（一）地面入渗法

地面入渗法就是将地表水引蓄到地面上的田间、沟渠、坑塘等，使其入渗补给地下水。下面介绍比较常用的几种方法。

1. 面补法

所谓面补法，就是利用现有的田面将引来的水薄层分散，使其均匀下渗补给地下水的一种方法。此法不需要修建专门的引渗工程，成本低，补给绝对量大；但占地面积大，单位面积的渗入量低。

2. 线补法

利用渠、沟、或天然河道，引水或拦蓄天然降水和地面径流，入渗补给地下水。这种方法补给效果良好，其优点是入渗量大，便于施工和管理，使用中产生的淤积物也较易清理，是目前地面入渗法中最常用的方法。

3. 点补法

充分利用现有的坑塘，或在适宜地点人工开挖坑塘，蓄集一定的水量，具有较大的水深，既增加了入渗压力，又能延长入渗时间，回补水量大。为增加入渗水量，可在坑塘底部打砂柱井（即钻孔至含水层，填满砂砾石）。在坑塘无水时，进行清淤。

（二）井孔回灌法

利用现有的抽水井孔，或建造专门回灌井，将地面水灌注井中，补给地下含水层，是城镇供水工程中最常用的地下水人工补给方法。专用回灌井的构造和施工方法基本上与抽水井相同。向井中回灌地面水有两种方法，一是自由灌入，二是用水泵加压灌入。显然，后者回灌水量大，回补速度快，但费用高。

井孔回灌法，回灌水量大，回补速度快，能够人工补给深层含水层。同时，该法工作面小，便于管理。但是，不管回补水水质如何，对含水层总是有淤塞作用，在长期回补作用下，含水层渗透性能降低，回补水量减小。目前，防止含水层淤塞的有效方法有待于进一步研究。

思 考 题

1. 地下水取水构筑物有哪些类型？他们适应的水文地质条件是什么？
2. 管井由哪几部分组成？各部分功能如何？
3. 管井的出水量取决于哪些因素？
4. 试分析管井出水量减少的原因及恢复措施。
5. 管井水力计算的目的是什么？常用哪几种计算方法？

6. 洗井和抽水试验的目的是什么？

7. 什么是井群互阻？井群互阻计算的目的是什么？

8. 需采取哪些措施保证管井的施工质量？

9. 何谓分段取水？在什么条件下宜采用分段取水？

10. 大口井、辐射井和复合井各适用于何种水文地质条件？它们的优缺点如何？

11. 渗渠的特点是什么？如何计算河岸附近渗渠的出水量？

12. 为什么要实行地下水人工补给？补给方法有哪些？

习 题

1. 某潜水完整井，地下水埋深为 2m，含水层厚度为 12.5m，井径为 500mm，渗透系数 $K=12\text{m/d}$，影响半径为 250m，试计算该井在 4m，5m，6m 时井的出水量。

习题 2 图

2. 某水源地含水层为中砂承压含水层，已建有直线排列的三眼机井，井径为 500mm，平面布置如图所示。已知含水层厚度 $M=30\text{m}$，渗透系数 $K=15\text{m/d}$，井的影响半径为 700m，试求各井水位降深均为 10m 时，三井同时抽水时的总出水量。

3. 某机井抽水试验所得抽水量 Q 与水位降深 s 的关系如下表，试给出该井的 $Q \sim s$ 经验公式。（提示：按代数多项式提供的公式形式，采用线性回归的数学方法求解）

序 号	1	2	3	4	5	6	7	8
流量 Q (L/s)	3.2	4.0	4.7	5.3	5.8	6.2	6.5	6.7
降深 s (m)	1	1.5	2	2.5	3	3.5	4	4.5

第五章 地表水取水工程

第一节 地表水取水工程概述

地表水取水工程一般指由人工构筑物构成的从地表水水体中获取水源的工程系统。由于地表取水工程直接与地表水水体相联系，水体的水量、水质在各种自然或人为的因素影响下所发生的变化，将对地表取水工程的正常运行及安全可靠性产生影响。

一、地表水取水工程系统及取水构筑物分类

在地表水取水工程中，地表水水源一般指江河、湖泊等天然的和水库、运河等人工建造的淡水水体。由于地表水水体所处的地理环境各异，受自然因素的影响不尽相同，加上人为因素的影响，使得地表水水体也都具有各自的特性。要使取水构筑物能从地表水水体中按所需的水质、水量安全可靠地取水，了解地表水的特性，研究取水工程系统的组成和取水构筑物类型是十分必要的。

地表水取水系统主要有以下部分组成：地表水水源、取水构筑物、送水泵站与输水管路。其中，地表水水源为系统提供满足一定水质、水量的原水；取水构筑物的任务就是安全可靠地从水源取水，送水泵房与管路系统的任务是将所取的原水安全可靠地向后续工艺送水。

地表水取水构筑物按构造形式不同可分为固定式取水构筑物、移动式取水构筑物和山区河流取水构筑物；根据固定式取水构筑物的取水形式，分为岸边式和河床式；根据移动式取水构筑物的取水形式，分为浮船式和缆车式。此外，在一些特殊场合，还可用到一些其他类型的取水构筑物，如海水取水构筑物等。

二、影响地表水取水构筑物运行的主要因素

影响地表水取水构筑物运行的主要因素有：水中漂浮物情况、径流变化、河床演变及泥沙运动等。

河流中的漂浮物对水质及取水构筑物的安全有很大影响。河流中的漂浮物包括：水草、树枝、树叶、废弃物、泥砂、冰块甚至山区河流中所放的木排等。泥砂、水草等杂物会使取水头部淤积堵塞，阻断水流；水中冰絮、冰凌在取水口处冻结会堵塞取水口；冰块、木排等会撞损取水构筑物，甚至造成停水。河流中的漂浮杂质，一般汛期较平时更多，这些杂质不仅分布在水面，而且同样存在于深水层中。河流的含砂量一般随季节的变化而变化，绝大部分河流汛期的含砂量高于平时的含砂量。含砂量在河流断面上的分布是不均匀的：一般情况下，沿水深分布，是靠近河底的水流含砂量大；沿河宽分布，是靠近主流的含砂量大。含砂量与河流流速的分布规律有着密切的联系，河心流速大含砂量相应就大，两侧流速小，含砂量相应就小。对于北方地区的河流，应充分重视冰凌对取水构筑物的影响。河流在流冰期产生的冰凌将堵塞格栅、格网甚至堵塞输水管道；大块的浮冰有可能撞击取水构筑物，造成设施的损坏；河道上产生的冰坝和冰塞，也严重危胁着取水构筑物的安全。

河流的径流变化也将对取水构筑物安全取水产生重大影响。河流径流处于最大洪峰流

量时,相应的最高水位可能高于取水构筑物,使其淹没而无法运行;处于枯水流量时,相应的最低水位可能导致取水构筑物无法取水。因此,河流历年来的径流资料及其统计分析数据是设计取水构筑物的重要依据。

河流的泥砂运动与河床演变对取水构筑物长期可靠地工作产生着巨大的影响。河流泥砂运动引起河床演变的主要原因是水流对河床的冲刷及挟砂的沉积。长期的冲刷和淤积,轻者使河床变形,严重者将使河流改道。如果河流取水构筑物位置选择不当,泥砂的淤积会使取水构筑物取水能力下降,严重的会使整个取水构筑物完全报废。

人类活动对河流特征产生着巨大影响。废弃的垃圾抛入河流可能导致取水构筑物进水口的堵塞;漂浮的木排可能撞坏取水构筑物;引江河水灌溉农田、大量从江河中取水、修建堤坝拦截河水、修建水库蓄水、围堤造田、水土保持、设置护岸、疏导河流等人为因素,都将影响河流的径流变化规律与河床变迁的趋势。因此,取水构筑物在设计与运行时,不应忽视人为因素对河流特征及对取水构筑物的影响。

三、地表水取水构筑物位置的选择

地表水取水构筑物位置的选择,不仅关系到取水构筑物能否在保证水质、水量的条件下安全可靠地供水,而且对周围的环境也将产生一定的影响。

（一）应考虑流域内环境变化对水质的影响

1. 流域环境变化对水质的影响。如取水口上游流域排放的污废水量逐年增加,使河水污染造成水质恶化;新建项目废水的排放,导致河流水质变差;实施环境综合治理,使水质改善;上游森林采伐、草场砂化,使植被覆盖面积减少,引起河流含砂量增高;上游沿岸水土保持工作取得进展,使河流含砂量下降等等。

2. 流域内环境变化对流量的影响。如大规模农田灌溉系统投入使用,导致径流量下降;修建蓄水构筑物,使径流量年内分配发生改变;大面积植被的改变,使地表径流条件发生变化,导致洪峰流量的改变;开凿运河,引入或引出流量等等。

3. 人为因素对河床稳定性的影响。建设河心工程构筑物,如有桥墩的桥梁使取水头部局部水流状态改变,造成的冲刷和淤积;围堤造田,迫使河流主流改变,形成新的含砂量分布;修建堤坝、护岸、截断支汊,使河床趋于稳定等等。

（二）取水口的位置应选择在长期稳定的河床上

1. 在弯曲河段的凹岸设置取水口。河流在弯曲河段流动时,除纵向流动外,还存在着横向环流。水流转弯时,在离心力的作用下,表层水流向凹岸,底层水流向凸岸,造成凹岸冲刷,凸岸淤积。凸岸淤积处不能设置取水口。水流对凹岸冲刷最强烈的点称为"顶冲点",为避免强烈的冲刷,取水口的设置应偏离"顶冲点",并设置在顶冲点下游处,以免将来较长时间内由于河床变迁,致使取水口无法取水。将取水口设置在凹岸,由于主流流速大且有横向环流的作用,漂浮物较少,不易形成漂浮物堵塞取水口的现象。

2. 在顺直河道的主流近岸处设置取水口。河流主流有较大的流速,不易产生淤积。而且河流主流水量充足,水深较大适于建造取水构筑物。此外,还应注意取水口宜设置在河宽较窄,流速较大,河床稳定的河段处。尤其是两岸植被良好,河道边滩不发育,河岸较陡,基岩裸露的河段宜优先考虑。

3. 取水口应选在地形地质良好,便于施工的河段。取水构筑物的位置应选择在地质构造稳定,地基承载力好的地点。避免设在如断层、滑坡、冲积层、流砂层、风化严重的岩层和岩溶发育地段等地质条件不稳定的地段。在地震区，应注意避免地震可能造成的破坏。

取水构筑物位置的选择还应考虑到为工程的施工创造方便的条件，如应有足够的施工场地；便利的运输条件；尽可能减少土石方量；尽可能少设或不设人工设施，用以保证取水条件；尽可能减少水下施工作业量等。

4. 在河流交汇处应尽量避免设置取水口。在河流交汇处，无论主流和支流水位的涨落都将造成泥砂的淤积。若主流水位上涨，则支流入河口处壅水造成泥砂淤积；相反，若支流水位上涨，在河口处汇入时流速会突然降低，同样会造成泥砂的大量淤积。对于山区河流，水位涨落幅度更大，这种现象就更加明显。因此，一般情况下应尽量避免在河流交汇处设置取水口。如果必须设置，应通过实地调查和资料分析，确定泥砂淤积的影响范围，将取水口设置在影响范围以外。当缺乏资料时，应将取水口设置在支流对岸且位于主流近岸处，并于交汇处保持足够距离。

5. 分汊河流取水口位置应选在发展汊道上。河流分汊的现象非常普遍，尤其在冲积平原河流的中下游更为常见。很多汊道河流的形成与江心滩、江心洲的发育演变是分不开的。在不断冲刷和淤积的作用下，这种汊道河流总是处于不稳定状态，一些汊道逐渐发展，而另一些汊道又逐渐衰亡。在取水口选址时，应注重调查研究，掌握河汊的水文特性与河道演变规律，将取水口位置选在发展的汊道上。

6. 避免在山区河流可能形成淤积的河段选址。山区河流流出峡谷后，往往河面突然变阔，河流纵坡减缓，流速变慢，易在河心形成沉积砂洲，砂洲在水流作用下会逐渐下移。砂洲的发育和推移，还会引起主流河道的改变。在汛期洪峰到来时，砂洲受洪水冲刷、泥砂下泻，造成下游河流含砂量骤增。在这种河段上选取水口位置时，应充分估计到砂洲移动可能产生的影响，否则将造成取水构筑物难以正常运行，甚至无水可取。因此，应避免将取水口设在河流出峡谷的三角洲附近。

7. 避免在河流断面突然变化的河段上选址。在河流断面突然收缩的上游河段和河流断面突然变宽的下游河段，河水水流不可能突然发生流向变化，因此近岸处并非主流，河水流速缓慢，甚至形成死水区，导致河岸严重淤积。因此，不应将取水口设在河流断面突然变化的河段，如河道入海口附近、顺直河段具有犬牙交错、齿状边滩地段等。

8. 避免在游荡性河段及湖岸浅滩处设置取水口。

9. 在不稳定河道设置取水口时，应加强河道的人工整治。在不稳定的河道上设置取水构筑物，应认真收集有关河道变化的资料，研究河段泥砂运动的规律及河道变迁的特点，有针对性地采取有效措施整治河道，促使其成为相对稳定的河道，以保证取水构筑物长期稳定的工作。

10. 取水构筑物的设置应与地表水资源综合开发利用相适应。取水构筑物的位置的选择，应兼顾地表水资源的综合开发利用，如航运、旅游、水产、养殖、排洪等，做到统筹兼顾，合理开发利用地表水资源。

第二节 岸边式取水构筑物

一、岸边式取水构筑物的基本形式

岸边式取水构筑物是建于河流的一岸，直接从河流岸边取水的构筑物。岸边式取水构筑物适于下列情况的取水：主流靠近河岸，有稳定的主流深槽，有足够的水深，能保证设计枯水位时安全取水；岸边地质条件好且河床河岸稳定，水力条件好，岸坡较陡，能保证取水构筑物长期稳定工作；便于施工，水中泥砂、漂浮物和冰凌严重不适于采用自流管取水的河段。

根据进水间和泵房间的合建与分建，又可将岸边式取水构筑物分为合建式（图5-1）与分建式（图5-2）。

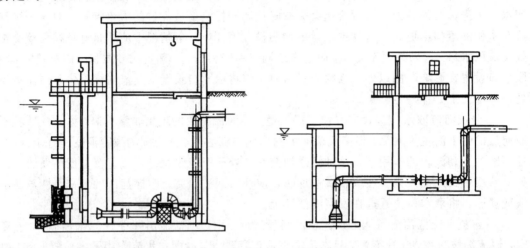

图 5-1 基础呈水平布置的合建式岸边取水构筑物　　图 5-2 分建式岸边取水构筑物

（一）合建式岸边取水构筑物

合建式岸边取水构筑物进水间与泵房合建在一起，布置紧凑，占地面积小，水泵吸水管路短，运行安全，维护管理方便。但合建式取水构筑物要求岸边水深相对较大、河岸较陡，对地质条件要求相对也较高。

根据岸边的地质条件，可将合建式岸边取水构筑物的基础设计成阶梯式（图5-3）或水平式（图5-1）。

阶梯式可减少泵房的基建高度，节省土建投资，但阶梯式要求地质条件好，以保证进

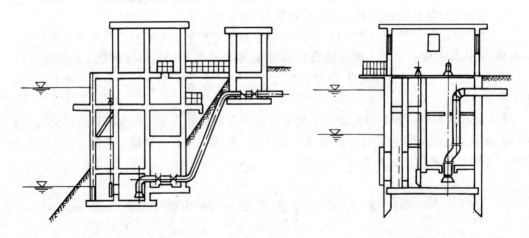

图 5-3 基础呈阶梯式布置的合建式岸边取水构筑物　　图 5-4 采用立式泵的合建式岸边取水构筑物

水间与泵房不会因不均匀沉降而产生裂缝,从而导致渗水或结构的破坏。由于泵轴高于设计最低水位,故需采用真空泵引水启动。

水平式对地基要求相对较低,进水间与泵房的基础可整体设计和施工,若将泵顶安装在设计最低水位以下,随时可自灌启动,管理方便,运行可靠。但水平式由于泵房间建筑面积和深度都较大,因而造价高,检修不便,通风条件较差。

为避免上述缺陷,可以采用立式泵或轴流泵取水(图5-4)。采用立式泵时,应注意吸水间与水泵间要严格密闭防水,能承受设计最高水位的静水压力。这种结构形式建筑面积小,电机及电气设备可设在最高水位以上的操作间内,管理维修方便,通风采光良好。由于水泵和电机间距加大,连接轴较长,安装技术要求高,应予注意。

(二)分建式岸边取水构筑物

分建式岸边取水构筑物(图5-2)进水间与泵房分开设置。

进水间与泵房分建,可以分别进行结构处理,单独施工,适于地质较差,施工难度大,不宜合建的场合。由于分建式构筑物造成水泵吸水管长,故供水安全可靠性相对降低。因此,分建式构筑物应尽量缩短进水间与泵房间的距离。泵房间与进水间的距离应根据地质、地形资料、施工方法、泵站和进水间的标高等条件来确定。

岸边式取水构筑物的平面形状有圆形、矩形、椭圆形、多拱形等。圆形平面结构性能好,便于施工,但水泵、设备等不好布置,面积利用率不高;矩形构筑物结构性能不及圆形,但便于机组、设备布置;椭圆形平面介于两者之间,兼有前两者的优点,但结构要求较高;对于需要较大平面尺寸的取水构筑物,还可以考虑采用多拱形平面。

二、岸边式取水构筑物的构造和计算

(一)岸边式取水构筑物的设计

岸边式取水构筑物设计应注意以下问题:

1. 岸边式取水构筑物一般采用钢筋混凝土结构,其平面结构形式应视取水规模、地质条件、施工条件、机组规模、供水要求、平面布置等因素综合考虑而定。岸边取水构筑物应能在洪水位、常水位、枯水位都能取到含砂量较小的水,所以岸边取水构筑物往往采用在不同高程处分层设置进水窗的方法取水。当河流水位变幅在6m以上时,一般设置两层进水窗,洪水位时采用较高位置的进水窗取水,枯水位时采用较低的取水窗取水。

2. 为截留水中粗大的漂浮物,须在进水窗处设置格栅。进水通过格栅时,流速不应太大,不然会造成穿过格栅的杂质太多;也不应流速太小,以免格栅处杂物堆积造成堵塞。格栅的设置,应便于拆卸和清洗。

3. 为进一步截留水中细小的杂质,可在格栅后设置格网。格网的孔眼尺寸小于格栅,拦截杂物量相对较大,应能及时对其进行清洗,以避免阻力迅速增加,造成格网前后水位差过大,以致格网损坏。格网有平板格网和旋转格网两种。

平板格网由框架与金属格网构成。框架一般采用槽钢或角钢制造,格网可采用耐腐蚀的金属丝(铜丝、镀锌钢丝、不锈钢丝)编制而成。当格网面积较大时,应在工作网后加设支撑网,以增强工作网承受水压的能力。平板格网所占空间小,构造简单,所需进水间尺寸小。但平板格网冲洗麻烦,不宜用于拦截细小杂质。因此,平板格网多用于中小水量、漂浮物不多的场合。

旋转格网由许多窄长的平板网绞接而成,可绕上下两个转轮旋转,可作间歇旋转,也可连续旋转。当格网上的栏截物达到一定数量时，就可将其提升至操作间清洗，清洗水压一般采用200～400kPa。旋转格网及其布置如图5-5、图5-6所示。

旋转格网拦污效果好，冲洗方便，可用于拦截细小的杂质。旋转格网一般用于水量较大、水中漂浮物较多的场合。

格栅安装在岸边取水构筑物进水间的入口处，格网安装在水泵吸水间的入口处。

4. 为保证正常取水，进水间还应设置起吊、切换、冲洗、排泥等设备。

起吊设备用以起吊格栅、格网、闸板等设备。常用起吊设备有单轨吊车与桥式吊车，按驱动方式又可分为电动或手动，电动吊车常用于起吊较重的设备，手动吊车则

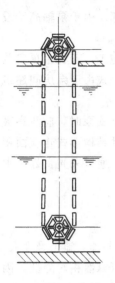

图 5-5 旋转格网

用于起吊较轻的设备。此外，还可采用电动卷扬机等。

切换设备用于进水间入口、吸水间入口的启闭，以便对格栅、格网进行检修或对进水间和吸水间分格清洗。常用切换设备有闸板、闸阀、滑阀和蝶阀等。

进水间与吸水间多采用高压水冲洗，一般采用穿孔管和喷嘴。排泥可采用排砂泵、排污泵、压缩空气提升器等设备进行。冲洗应与排泥相配合，以提高排泥效果。

在冰冻河流上，还应考虑防冰措施。一般可采用加热格栅、引入热水、浮排导凌等方法。格栅加热可采用通电、往空心有小孔的栅条中通入蒸气或热水的方法；加热进水可采用蒸气或热水作为热源，该热源最好利用废气、废水以节省能源。采用浮排导凌措施，可以考虑在上游放置挡冰木排阻冰、采用渠道引水使内冰上浮等方法。

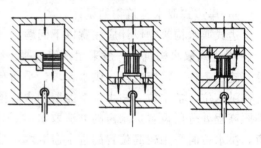

图 5-6 旋转格网布置方式
(a) 直流进水；(b) 网内进水；(c) 网外进水

防止水草堵塞，可采用人工或机械清除、水力冲洗、设置挡草排、在压力管道中设除草器等方法。

5. 泵房的设计应尽量减少泵房面积，水泵型号和台数不宜过多，应根据供水可靠性和供水量的变化选择水泵的型号和台数。因取水构筑物水量变化一般不大，包括备用泵在内，常选用三至四台同型号泵，以方便布置、运行管理和维修。为减小泵房面积，避免因水锤破坏管道而淹没泵站，压水管上的单向阀、调节阀、检修阀等最好单独设置在泵房外面的阀门井内。

6. 取水泵房一般深度大，若一级起吊设备难以满足要求时可考虑采用二级起吊，并注意两者的衔接。底部吊车主要完成设备的平面位移，可采用桥式吊车，上部吊车则主要完成设备的垂直起吊，可采用单轨吊车。

7. 当泵房深度较大，为20～30m时，应设通风设施，以改善泵房的工作环境。除楼梯外，应设置电梯改善交通。为保证泵站的供水可靠性，应考虑采用自动监控设备。

8. 取水泵房设计时应特别注意防渗和抗浮。取水泵房在水下深度大，在设计和施工中都应保证有可靠的措施以防止水的渗入。尤其是壁面裂缝，一旦产生，很难补救。泵房的抗浮可考虑采用以下方法：自重抗浮，增加压重抗浮，嵌固、锚固于基岩内抗浮，增加壁面粘结、摩擦力抗浮等。可视具体情况而采用一种或多种抗浮的方法，以保证整个构筑物的稳定。

第三节　河床式取水构筑物

河床式取水构筑物是通过伸入江河中的取水头部取水，然后通过进水管将水引入集水井。河床式取水构筑物适于下列情况：主流离岸边较远，岸坡较缓，岸边水深不足或水质较差等情况。河床式取水构筑物除采用取水头部替代进水窗外，其余组成与岸边式取水构筑物基本相同。

一、河床式取水构筑物的基本形式

河床式取水构筑物根据集水井与泵房间的联系，可分为合建式（图5-7）与分建式（图5-8）。

（一）河床式取水构筑物的取水形式

1. 从取水头部引水

从取水头部引水可采用以下几种方式：

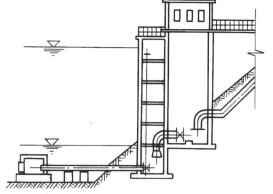

图 5-7　合建式自流管取水构筑物

（1）自流管取水

河水在重力作用下，从取水头部流入集水井，经格网后进入水泵吸水间。这种引水方法安全可靠，但土方开挖量较大。选择这种方式应注意：洪水期底砂及草情严重、河底易发生淤积、河水主流游荡不定等情况下，最好不用自流管引水。

（2）虹吸管引水

采用虹吸管引水（图5-9）时，河水从取水头部靠虹吸作用流至集水井中。这种引水方法适于河水水位变化幅度较大，河床为坚硬的岩石或不稳定的砂土，岸边设有防洪堤等情况时从河中引水。利用虹吸高度，可减少管道埋深、降低造价。但采用虹吸引水需设真空引水装置，且要求管路有很好的密封性。否则，一旦渗漏，虹吸管不能正常工作，使供水可靠性受到影响。

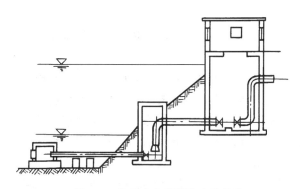

图 5-8　分建式自流管取水构筑物

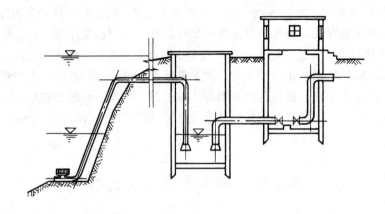

图 5-9　分建式虹吸管取水构筑物

由于虹吸管管路相对较长，容积也大，真空引水水泵启动时间较长。

(3) 水泵直接抽水

河水由伸入河中的水泵吸水管（图 5-10）直接取水。这种引水方式，由于没有经过格网，故只适用于河水水质较好，水中漂浮杂质少，不需设格网时的情况。按水泵泵轴与取水水位的高程关系，在低于取水水位时，情形与自流管相似；高于取水水位时，则与虹吸管引水相似，设计应考虑按自流管或虹吸管处理。

2. 取水头部与进水窗联合取水

这种取水形式除设置取水头部取水外，还在岸边集水井上部开有进水窗。河水位低时，用河心取水头部取水；当河水底部泥砂大、水位高

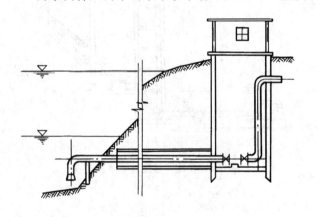

图 5-10　水泵直吸式取水构筑物

且近岸时，采用进水窗取水。还可考虑设置不同高度的自流管，以便在不同水位时，取得符合水质要求的水。分层取水自流管应注意避开主航道，以免防碍航运，或因水上运输，造成自流管损坏。

3. 桥墩式取水

桥墩式取水构筑物（图 5-11）也称江心式或岛式取水构筑物。桥墩式取水构筑物在构造上与岸边合建式取水构筑物相似，只是进水间与泵房合建于江心。

桥墩式取水构筑物一般设于河道中，其位置应满足取水要求，并应避开主航道或主流河道。桥墩式取水构筑物适于含砂量高，主流远离岸边，岸坡较缓，无法设取水头部，取水安全性要求很高的情况。由于桥墩式取水构筑物位于河中，使原过水断面变窄，河流水力条件、泥砂运动规律均发生了变化，所以在设计前应有充分的估计，避免因各种因素的变化造成取水不利，构筑物本身不稳定因素增加，对周围、尤其是下游构筑物产生不良的影响。桥墩式取水构筑物结构要求高，施工技术复杂，造价高，管理不便，非特殊情况，一

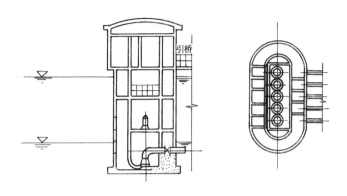

图 5-11 桥墩式取水构筑物

般不采用。

二、河床式取水构筑物的构造和计算

河床式取水构筑物取水头部的形式和构造见表 5-1。

固定式取水头部及适用条件　　　　　表 5-1

形式	图　示	特　点	适用条件
管式取水头部（喇叭管取水头部）	(1)顺水流式　(2)水平式 (3)垂直向上式　(4)垂直向下式	(1)构造简单 (2)造价较低 (3)施工方便 (4)喇叭口上应设置格栅或其他拦截粗大漂浮物的措施 (5)格栅的进水流速一般不应考虑有反冲或清洗设施	(1)顺水流式：一般用于泥砂和漂浮物较多的河流 (2)水平式：一般用于纵坡较小的河段 (3)垂直式（喇叭口向上）：一般用于河床较陡、河水较深处，无冰凌、漂浮物较少，而又有较多推移质的河流 (4)垂直式（喇叭口向下）：一般用于直吸式取水泵房
蘑菇形取水头部		(1)头部高度较大，要求在枯水期仍有一定水深 (2)进水方向系自帽盖底下曲折流入，一般泥砂河漂浮物带入较少 (3)帽盖可做成装配式，便于拆卸检修 (4)施工安装较困难	适用于中小型取水构筑物

续表

形式	图 示	特 点	适用条件
鱼形罩及鱼鳞式取水头部		(1)鱼形罩为圆孔进水；鱼鳞罩为条缝进水 (2)外形圆滑、水流阻力小，防漂浮物、草类效果较好	适用于水泵直接吸水式的中小型取水构筑物
箱式取水头部		钢筋混凝土箱体可采用预制构件，根据施工条件作为整体浮运或分几部分在水下拼接	适用于水深较浅，含砂量少，以及冬季潜冰较多的河流，且取水量较大时
岸边隧洞式喇叭口形取水头部		(1)倾斜喇叭口形的自流管管口做成与河岸相一致；进水部分采用插板式格栅 (2)根据岸坡基岩情况，自流管可采用隧洞掘进施工，最后再将取水口部分岩石进行爆破通水 (3)可减少水下工作量，施工方便，节省投资	适用于取水量较大，取水河段主流近岸，岸坡较陡，地质条件较好时
桩架式取水头部		(1)可用木桩和钢筋混凝土桩，打入河底桩的深度视河床地质和冲刷条件决定 (2)框架周围宜加以围护，防止飘浮物进入 (3)大型取水头部一般水平安装，也可向下弯	适用于河床地质宜打桩和水位变化不大的河流

【例题】 固定式取水构筑物设计计算

(一)主要设计资料

1. 河流自然条件

(1)河流水位

取 $P=1\%$ 的设计洪水位为 35.40m；取水保证率为 97% 的设计最低水位为 20.50m；

(2)河流流量

最大流量：27000m³/s；

最小流量：320 m³/s。

(3) 河流流速

最大流速：2.48 m/s；

最小流速：0.32 m/s。

(4) 含砂量

最大含砂量：0.47kg/m³；

最小含砂量：0.0015kg/m³。

(5) 水中其他悬浮物

有一定数量的水草及青苔，无冰絮。

(6) 河流主流及河床情况

河流岸坡较缓，主流离岸边约80m处，最小水深为3.80m。

2. 工程要求

取水量：35000 m³/d；

水处理厂自用水量按5%考虑。

(二) 取水构筑物形式的选择

因河流河岸较缓，主流远离岸边，宜采用固定式河床取水取水构筑物。河心处用箱式取水头部，经自流管流入集水井，再经格栅、格网截留杂质后，用离心泵送出。

(三) 取水头部设计计算

1. 设计水量

$$Q = 35000 \times 1.05 = 36750 \text{ m}^3/\text{d} = 0.425 \text{ m}^3/\text{s}$$

2. 取水头部设计计算

取水头部平剖面取为菱形，整体为箱式。α角取90°侧面进水。

(1) 格栅计算

进水流速：$v_0 = 0.3$ m/s；

栅条厚度：$s = 10$mm，断面为扁钢形；

栅条净距：$b = 50$mm；

阻塞系数：$K_2 = 0.75$；

面积减少系数 K_1：

$$K_1 = \frac{b}{b+s} = \frac{50}{50+10} = 0.833$$

进水孔面积：

$$F_0 = \frac{Q}{v_0 K_1 \cdot K_2} = \frac{0.425}{0.3 \times 0.833 \times 0.75} = 2.27 \text{m}^2$$

进水口数量选用4个，每个面积为：

$$F = \frac{F_0}{4} = \frac{2.27}{4} = 0.568 \text{m}^2$$

格栅尺寸选用给水排水标准图集90s321-1，每个进水口尺寸为 $B_1 \times H_1 = 900\text{mm} \times 700\text{mm}$，格栅外形尺寸 $B \times H = 1000\text{mm} \times 800\text{mm}$。

(2) 取水头部构造尺寸

最小淹没水深：$h' = 1.25$m，与河流通航船只吃水深度有关；

进水口下缘距河底：$h'' = 1.55$m，为避免泥砂进入取水头部；

进水箱体埋深：$h''' = 1.4$m，与该处河流冲刷程度有关；

箱体处最低水位水深不得小于 3.80m；
箱体设计尺寸如图 5-12。

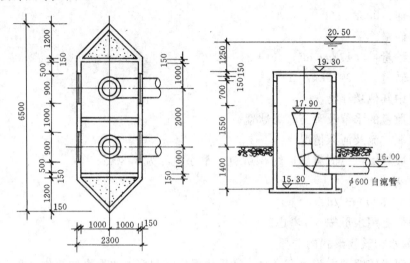

图 5-12 取水头部构造尺寸

3. 自流管设计计算

自流管设计为两条，每条设计流量为：
$$q_{自} = \frac{Q}{2} = \frac{0.425}{2} = 0.213 \text{m}^3/\text{s}$$

初选自流管流速：　　　　　$v' = 0.8 \text{m/s}$

初步计算直径为：
$$D' = \sqrt{\frac{4q_{自}}{\pi v'}} = \sqrt{\frac{4 \times 0.213}{3.14 \times 0.8}} = 0.58 \text{m} \quad 选 D = 0.6 \text{m}$$

自流管实际流速为：
$$v_{自} = \frac{4q_{自}}{\pi D^2} = \frac{4 \times 0.213}{3.14 \times 0.6^2} = 0.75 \text{m/s}$$

自流管损失按 $h_\omega = h_f + h_j$ 计算，其中：
$$h_i = i \cdot l = 0.00126 \times 80 = 0.10 \text{m}$$

$$h_j = \Sigma \xi \frac{v^2}{2g}$$

各局部阻力系数为：喇叭口 $\xi_1 = 0.1$，焊接弯头 $\xi_2 = 1.01$，蝶阀 $\xi_3 = 0.2$，出口 $\xi_4 = 1.0$，局部阻力损失为：
$$h_j = \Sigma \xi \frac{v^2}{2g} = (0.1 + 1.01 + 0.2 + 1.0) \times \frac{0.75^2}{2 \times 9.81} = 0.066 \text{m}$$

则管道总损失为：
$$h_\omega = h_f + h_j = 0.10 + 0.066 = 0.166 \text{m}$$

考虑日后淤积等原因造成管道阻力增大，为避免因此造成流量降低，管道总损失采用 0.21m。

当一根自流管故障时，另一根应能通过设计流量的 70%，即：$Q'=0.7Q=0.7\times 0.425=0.30\text{m}^3/\text{s}$，此时管中流速为：

$$v_s=\frac{4Q}{\pi D}=\frac{4\times 0.30}{3.14\times 0.6^2}=1.06\text{m/s}$$

故障时产生的损失为 $h'_\omega=h'_f+h'_j$

$$h'_f=i\cdot l=0.00239\times 80=0.19$$

$$h'_j=\Sigma\xi\frac{v^2}{2g}=(0.1+1.01+0.2+1.0)\times\frac{1.06^2}{2\times 9.81}=0.31\text{m}$$

$$h'_\omega=h'_f+h'_j=0.19+0.13=0.32\text{m}$$

考虑阻力增加因素，采用 $h'_\omega=0.4\text{m}$

4. 集水间计算

(1) 格网计算

采用平板格网。

过网流速：$v_1=0.3\text{m/s}$；

网眼尺寸：5mm×5mm；

网丝直径：$d=1\text{mm}$；

格网面积减少系数

$$K_1=\frac{b^2}{(b+d)^2}=\frac{5^2}{(5+1)^2}=0.694$$

格网阻塞系数：$K=0.5$；

水流收缩系数：$\varepsilon=0.7$；

格网面积：

$$F_1=\frac{Q}{K_1K_2\varepsilon v_1}=\frac{0.425}{0.694\times 0.5\times 0.7\times 0.3}=5.83\text{m}^2$$

选用给水排水标准图集 90S321-6，格网进水口尺寸为 $B_1\times H_1=1900\text{mm}\times 1700\text{mm}$，面积为 3.23m^2，选用两个，总面积为 $B\times H=2000\text{mm}\times 1800\text{mm}$

(2) 集水间平面尺寸

集水间分为两格，两格间设连通管并装阀门，集水间平面尺寸如图 5-13。

(3) 集水间的标高计算

1) 顶面标高：当采用非淹没式时，集水间顶面标高=1%洪水位+浪高+0.5m：

$$H_a=35.40+0.25+0.5=36.15\text{m}$$

2) 进水间最低动水位为：

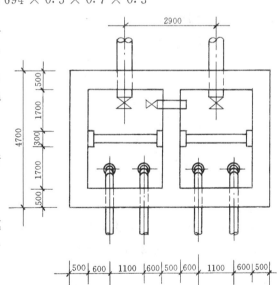

图 5-13 集水间平面图

97%枯水位－取水头部到进水间的管段水头损失－格栅损失
$=20.50-0.21-0.1=20.19$m

3）吸水间最低动水位：

进水间最低动水位标高－进水间到吸水间的平板格网水头损失$=20.19-0.2=19.99$m。

4）集水间底部标高：

平板格网净高为1.80m，其上缘应淹没在吸水间动水位以下，取为0.1m；其下缘应高出底面，取0.2m，则集水间底面标高为：
$$19.99-0.1-1.8-0.2=17.89\text{m}$$

集水间深度：

顶部标高－底面标高$=36.15-17.89=18.26$m

集水间深度校核：

当自流管用一根管输送$Q'=0.30$ m³/s，$v=1.06$ m/s时，水头损失为$h'_\omega=0.4$m，此时吸水间最低水位为：
$$20.50-0.1-0.40-0.2=19.80\text{m}$$

吸水间最低水位为：$19.80-17.89=1.91$m，可满足水泵吸水要求。

5. 格网起吊设备

(1) 平板格网起吊重量
$$W=(G+pfF)K$$

式中 W——平板格网起吊重量，kN；

G——平板格网与钢绳的重量，$G=1.47$kN；

p——平板格网两侧水位差产生的压强，$p=1.96$kPa；

f——格网与导轨间的摩擦系数，$f=0.44$；

F——每个格网的面积，$F=3.6$m²；

K——安全系数，$K=1.5$。

$$\begin{aligned}W&=(G+pfF)K\\&=(1.47+1.96\times0.44\times3.6)\times1.5\\&=7.85\text{kN}\end{aligned}$$

(2) 吊架高度的计算与起吊设备选择

平板格网高1.80m，格网吊环高0.25m，电动葫芦吊钩至工字梁下缘最小距离为0.78m，格网吊至平台以上的距离取0.2m，操作平台标高为36.15m，则起吊架工字梁下缘的标高应为：
$$36.15+0.2+1.80+0.25+0.78=39.18\text{m}$$

格网起吊高度＝起吊架工字梁下缘的标高－电动葫芦吊钩至工字梁下缘最小距离－集水间底部标高－平板格网下缘与集水间底部高差－平板格网高－平板格网调环高
$$39.18-0.78-17.89-0.2-1.8-0.25=18.26\text{m}$$

选用CD¹或MD₁-24D型电动葫芦，起吊重量为9.80kN，起吊最大高度为24m。

6. 排泥冲洗设备

因河水含砂量不大，故只设冲洗给水栓，不设排泥设备，定期放空，人工挖泥清洗。

第四节 浮船式取水构筑物

一、浮船式取水构筑物的组成

（一）特点

浮船式取水构筑物（图 5-14）是将取水设备直接安装在浮船上。浮船能随水位涨落而升降，可随河流主航道的变迁而移动。这种取水方式的另一特点是：既无大量的水下施工作业，又无大量的土石方工程，因而基建费用较低，灵活性大，适应性强，能经常取得含砂量较少的表层水。

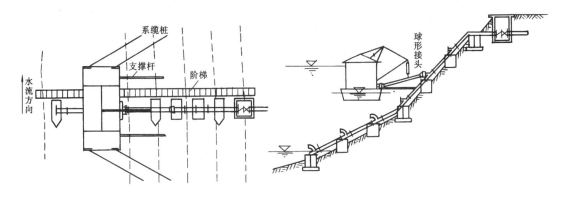

图 5-14 浮船式取水构筑物

浮船式取水构筑物又分为自航式和非自航式。自航式配备有航行动力设备，可根据需要自行启航至最佳取水位置；非自航式取水构筑物无自航动力，只能借助外力来移动。由于非自航式取水所需设备少，构造简单，施工便利，造价低，在浮船取水中广为应用。

浮船式取水需随水位的涨落拆换接头，移动船位，紧固缆绳，收放电线电缆，尤其水位变化幅度大的洪水期，操作管理更为频繁。浮船必须定期维护，且工作量大。

由于浮船式取水构筑物受风浪、航运、漂木及浮筏、河流流量、水位的急剧变化影响较大，稍一疏忽，就有可能发生安全事故，影响安全供水。即使正常运行，阶梯式连接的浮船在改换接头时，也需暂时停止供水。

浮船式取水适用于河岸比较稳定，河床冲淤变化不大，岸坡适宜（阶梯式为 20°～30°、摇臂式为 45°），水位变化幅度在 10～35m 左右，枯水期水深不小于 1.5～2m，河水涨落速度应在 2m/h 以内，水流平缓，风浪不大，无漂木浮筏对取水产生影响的河段。

（二）浮船式取水构筑物的构造

浮船式取水构筑物一般由浮船、联络管、输水斜管、船与岸之间的交通联络设备、锚固设施等组成。

浮船可采用木船、钢板船、钢网水泥船等。其中钢网水泥船造价低，耐用，维护管理简单，是一种较好的船体，但钢网水泥船易受破坏而漏水，使用时应特别注意避免碰撞和震动，并保证不搁浅，以免折裂船体。

浮船一般制造成平底围船式，平面为矩型，横截面可为矩形或梯形。浮船的尺寸应根据设备及管路布置、操作及检修要求、浮船的稳定性等因素而定。

考虑供水规模、供水安全程度等因素，浮船的数量一般情况下不少于两只，若可间断供水或有足够容积的调节水池时，可考虑设置一只。另外，还应特别注意浮船的稳定性，并应使布置紧凑，操作维修方便。

二、浮船式取水构筑物的平面布置

水泵在浮船上的竖向布置可为上承式（图 5-15a）和下承式（图 5-15b）。

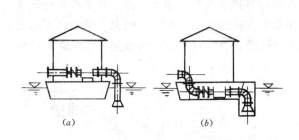

图 5-15　浮船的竖向布置
(a) 上承式；(b) 下承式

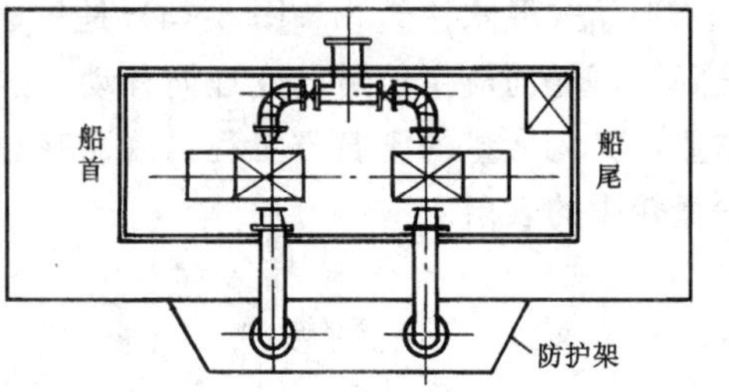

图 5-16　浮船的平面布置

上承式布置，水泵机组安装在甲板上。设备安装和操作方便，船体结构简单，通风条件较好，可适于各种船体，但重心偏高，不利于船的稳定。

下承式布置，水泵机组安装在甲板以下的船体骨架上，其重心低且稳定性好，可降低水泵的吸水高度。但下承式通风条件差，操作管理不便，船体结构也较复杂，只适于钢结构船体。

水泵机组布置形式有纵向和横向布置。若泵轴与船体长方向一致，为纵向布置；泵轴与船体宽方向一致，为横向布置。一般双吸泵多布置成纵向，单吸泵多布置成横向。机组布置时应考虑重心的位置，一般机组布置重心偏于吸水侧。浮船的平面布置如图 5-16。

水泵的选择应考虑水位变化的影响，应选择在较大扬程范围内仍处于高效运行状态的水泵，一般可选 $Q \sim H$ 曲线较陡的水泵。

三、浮船式取水构筑物的平衡与稳定

为保证供水的安全可靠性，浮船应在正常运转、风浪作用、浮船及设备移动等情况下，均能保持平衡与稳定。浮船的平衡与稳定与设备的布置、船体的宽度、风浪等因素的作用有关。在设计与运行时，应特别注意设备的重量在浮船工作面上的分配和设备的固定。必要时，可专门设置平衡水箱和重物调整平衡。为保证浮船不发生沉船事故，应在船体中设置水密隔舱。

四、联络管与输水管

浮船输水管与岸边输水管的连接，按其方式可分为阶梯式和摇臂式。

1. 阶梯式连接

按选用连接管材的不同，又分为柔性连接（图 5-17a）和刚性连接（图 5-17b）。

胶管与钢管连接可采用松套法兰胶管接头，钢管可采用球形接头，无论刚性或柔性连接，均需设置输水斜管。接口间距应视水位涨落速度而定。管接头如图 5-18。

2. 套筒式连接

套筒式连接又可分为单摇臂式（图 5-19）和双摇臂式（图 5-20），套筒接头如图 5-21 所

示。套筒接头只能沿轴心旋转，组成套筒式联络管一般需要5～7个套筒接头。图5-20中有7个套筒，1～4随水位变化而转动，5随船前后起伏颠波而转动，6、7则随船前后微小位移而转动。

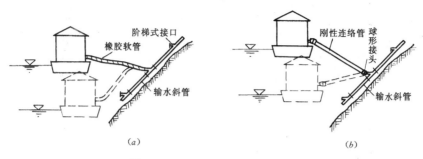

图 5-17　浮船输水管阶梯式连接
(a) 柔性联络管阶梯式连接；(b) 刚性联络管阶梯式连接

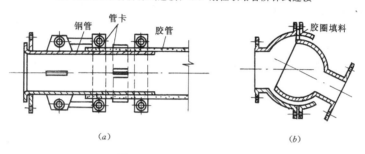

图 5-18　阶梯式连接接头
(a) 松套法兰胶管接头；(b) 球形接头

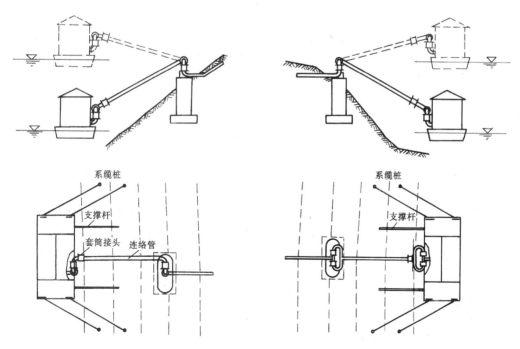

图 5-19　套管接头摇臂式联络管（单摇臂）　　图 5-20　套筒接头摇臂式联络管（双摇臂）

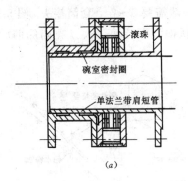
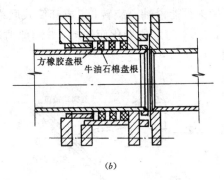

图 5-21 套筒接头
(a) 径向推力活络接头；(b) 套筒接头

五、浮船式取水构筑物的锚固

浮船式取水构筑物需用缆索、撑杆、锚链等锚固（图 5-22）。

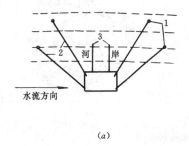
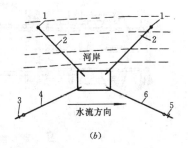

图 5-22 浮船式取水构筑物的锚固
(a) 岸边系留式布置
1—系缆桩；2—系缆索；3—支撑杆
(b) 船首尾抛锚与岸边系留结合布置
1—系缆桩；2—系缆索；3—首锚；4—首锚链；5—尾锚；6—尾锚链

第五节 缆车式取水构筑物

缆车式取水构筑物是用卷扬机绞动钢丝绳牵引泵车，使其沿坡道上升或下降，以适应河水的涨落，从而取得较好水质的水。

这种构筑物具有施工简单、水下工程量小、基建费用低、供水安全可靠等优点，适于水位涨落在 10~35m，枯水位时能保证一定的水深，河水涨落速度不大（小于 2m/h），河岸稳定，工程地质条件良好，河流中无漂木、浮筏的河流。

缆车式取水构筑物取水位置固定，需经常按水位涨落拆装接头，因此在水文情况（洪、枯水位）变化较大的情况下，不及浮船取水机动灵活。由于运行中有断水情况，故一般情况下应设两部泵车，以保证连续供水。

一、缆车式取水构筑物的组成

缆车式取水构筑物（图 5-23）是建造于岸坡上的取水构筑物，由泵车、坡道、输水斜管、牵引设备等组成。

二、缆车式取水构筑物的构造

1. 泵车与水泵

泵车数量和水泵台数与供水水量及供水安全可靠性要求有关。当取水量不大、允许中断供水时，可考虑采用一部泵车，水泵台数按流量变化要求选取。对供水水量较大、供水可靠性要求较高时，应考虑选用两部或两部以上的泵车，每部泵车选用2~3台水泵，以保证泵车更换接口时使用。若有水泵突然因事故停泵或损坏，可启动备用水泵供水。

泵车的平面布置主要是机组与管路的布置。由于受坡道的倾角、轨距的影响，泵车尺寸不宜过大。小型泵车面积为12~20m²，大型泵车面积为20~40m²。机组布置还应考虑泵车的稳定性。

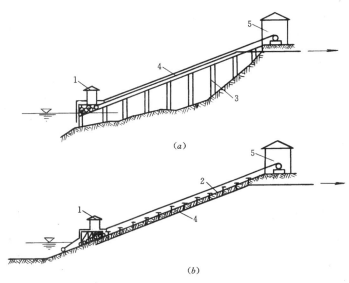

图 5-23 缆车式取水构筑物
(a) 斜桥式；(b) 斜坡式
1—泵车；2—坡道；3—支墩；4—输水管；5—绞车房

2. 卷扬机

卷扬机是靠电动机牵引钢丝绳以带动泵车上下运行的重要设备。目前使用的卷扬机多为滚筒式卷扬机。

3. 安全设备

（1）制动器在泵车安全运行中有重要的作用，尤其是当牵引钢丝绳断裂之后，若无制动器，则会发生泵车下滑，造成自身损坏或伤害他人的安全事故。

（2）结合器是泵车与钢丝绳联结的装置。既要保证钢丝绳能牢固地与泵车相接，又要使连接可靠，保证钢丝绳有一定的使用寿命。

4. 管路布置

斜桥式泵车水泵吸水管一般可布置在泵车的两侧，斜坡式泵车水泵吸水管一般布置在尾车上。输水斜管一般布置在泵车的一侧。泵车与输水斜管的连接，可采用胶管柔性连接，也可采用刚性球形接头或套筒式连接，方法同浮船式。

三、缆车式取水构筑物的运行与管理

缆车式取水构筑物在运行时应特别注意以下问题：

1. 应随时了解河流的水位涨落及河水中的泥沙状况，及时调节缆车的取水位置，保证取水工作的顺利进行；
2. 在洪水到来时，应采取有效措施保证车道、缆车及其他设备的安全；
3. 应注意缆车运行时的人身与设备的安全，管理人员进入缆车前，每次调节缆车位置后，应检查缆车是否处于制动状态，确保缆车运行时处于安全状态；
4. 应定期检查卷扬机与制动装置等安全设备，以免发生不必要的安全事故。

缆车式取水构筑物运行时，其他注意事项与一般泵站基本相同。

第六节 其他取水构筑物

一、湿井式取水构筑物

湿井式取水构筑物（图 5-24）采用深井泵取水，集水井在泵房下部，电机、操作间则在泵房上部。因为泵房内外水位差异不大，故泵房无特殊防渗和抗浮的要求。采用深井泵可减少泵房面积，简化泵房结构要求，故造价较低。但湿井式泵房由于泵在水下，使维护检修工作难度增加。

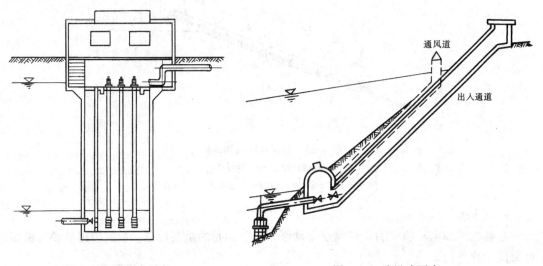

图 5-24 湿井式泵房　　　　　　图 5-25 淹没式泵房

二、淹没式取水构筑物

淹没式泵房取水构筑物（图 5-25）的主要结构在常年洪水期淹没在水下，故称淹没式泵房。因此，它适于水位变化幅度大、河岸平缓、岸坡稳定、洪水期历时不长、漂浮物和含砂量较少的河流。由于泵房为淹没式，故通风采光条件差，操作管理不便，结构抗渗要求高。

三、瓶式取水构筑物

瓶式泵房（图 5-26）上部较小，底部较大，采用这种结构所受浮力小，抗浮性能好，结构稳定，适于河水水位变幅大、岸边有有利地形、地质条件好的中小型取水构筑物。由于

上部空间变小，通风和采光条件变差，维护管理不便。

四、框架式取水构筑物

框架式取水构筑物（图 5-27）是利用钢筋混凝土框架替代泵房的井筒，构造简单，施工方便，造价低。但由于洪水期水泵被淹没，泵轴受泥砂磨损严重，且检修困难，因此适于供水可靠性要求不高、河水含砂量不大、洪水期较短的情况。

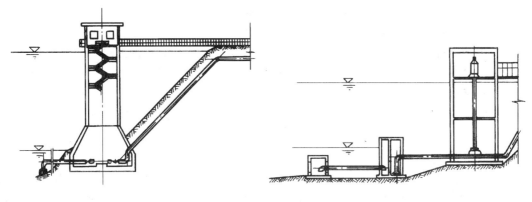

图 5-26　瓶式取水泵房　　　　图 5-27　框架式取水泵房

五、斗槽式取水构筑物

斗槽式取水构筑物是在取水口附近设置堤坝，形成斗槽进水，目的在于减少泥沙和冰凌进入取水口。斗槽式取水构筑物适于河流含砂量较高、冰絮较为严重、取水量要求大的场合。按斗槽中水流方向与河水方向的关系有顺流式、逆流式、双向式斗槽之分（图 5-28）。

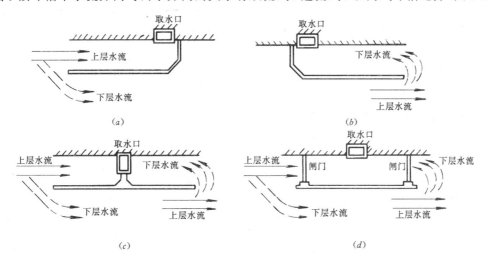

图 5-28　斗槽式取水构筑物
(a) 顺流式斗槽；(b) 逆流式斗槽；(c) 双流式斗槽；(d) 用闸门控制进水的双流式斗槽

由于斗槽中水流流速变缓，泥砂易于沉降，而水内冰则上浮，因此泥砂多分布于斗槽底部，冰凌多集中于表层。在各种斗槽形式中，顺流式斗槽适于含泥砂多而冰凌不严重的河流；逆流式适用于冰凌严重而泥砂较少的河流；双流式斗槽经控制进水方向后，可作为顺流式或逆流式使用，既可在夏秋季防泥砂，又可在冬季防冰凌。

斗槽式取水构筑物要求岸边地质稳定，河水主流近岸，并应设在河流凹岸处。斗槽式取水构筑物施工量大，造价高，槽内排泥困难，一般采用不多。

六、山区河流取水构筑物

山溪浅水河流两岸多为陡峻的山崖，河谷狭窄，径流多由降雨补给。其洪水期与枯水期流量相差竟高达几百倍甚至数千倍，来势猛，历时短。山洪暴发时，水位骤增，水流湍急，泥砂含量高，颗粒粒径大，甚至发生泥石流。为确保取水构筑物安全、可靠地取到满足一定水量、水质的水，必须尽可能地取得河流的流量、水位、水质、泥砂含量及组成等详细资料，了解其变化规律，以便在此基础上正确地选择取水口的位置和取水构筑物的形式。

如果山溪河流的水文及水文地质特征等条件与平原河流相似，可以采用平原河流常用的取水构筑物的形式。

一般山溪河流常用的取水构筑物形式为底栏栅与低坝式取水。

1. 底栏栅取水

底栏栅式取水构筑的组成如图 5-29。它通过坝顶带栏栅的引水廊道取水，由溢流坝、底栏栅、引水廊道、沉砂池、取水泵站等组成。

（1）溢流坝：抬高水位，但不影响洪水期泄洪，一般堰顶高出河床 0.5m 左右；

（2）底栏栅：截留河中较大颗粒的推移质，还有草根、树枝、竹片或冰凌等，使之不得进入引水廊道；

（3）引水廊道：位于底栏栅下部，汇集流进底栏栅的全部流量，并引入沉砂池或

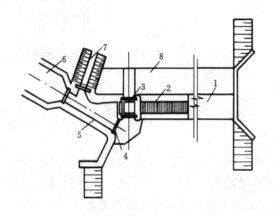

图 5-29 底栏栅式取水构筑物布置
1—溢流坝；2—底栏栅；3—冲砂室；4—进水闸；
5—第二冲砂室；6—沉砂室；7—排砂渠；8—防洪护坦

其他岸边取水渠道；

（4）进水闸：进水调节，切换水路，控制冲砂；

（5）冲砂室：借助河水将沉砂冲走，也称冲砂渠道；

（6）沉砂池：设于岸边，承接引水廊道来水，去除水中部分较大的泥砂颗粒；

（7）防洪护坦：设置在栏栅下游，防止冲刷对廊道基础造成的影响。

底栏栅取水是通过溢流坝抬高水位，并从底栏栅顶部流入引水廊道，再流经沉砂池后至取水泵房。取水构筑物中的泥砂，可在洪水期时开启相应闸门引水进行冲洗，予以排除。

底栏栅式取水适用于河床较窄、水深较浅、河底纵坡较大、大颗粒推移质特别多的山溪河流，且取水量占河水总量比例较大时的情况，一般建议取水量不超过河道最枯流量的 1/4～1/3。

2. 低坝式取水

低坝可分为固定式低坝和活动式低坝。

固定式低坝式取水构筑物（图 5-30）由拦河低坝、冲砂闸、进水闸和取水泵站等组成。

（1）拦河低坝：用于抬高枯水期水位；

（2）冲砂闸：设在拦河低坝的一侧，主要作用是利用坝上下游的水位差将坝上游沉积

的泥沙抛至下游；

(3) 进水闸：将所取河水引至取水构筑物。

枯水期和平水期时，河水将被低坝拦住，部分河水从坝顶溢流，保证有足够的水深，以利于取水口取水，冲砂闸靠近取水口一侧，开启度随流量变化而定，保证河水在取水口处形成一定的流速，以防淤积，洪水期时则形成溢流，保证排洪通畅。

低坝式取水适用于枯水期流量特别小、取水深度不足、不通船、不放筏、且推移质不多的小型山区河流。

常见的活动式低坝有：袋形橡胶坝（图5-31）、浮体闸（图5-32）等。

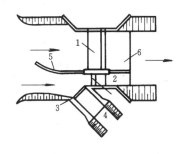

图 5-30 低坝式取水平面
1—溢流坝；2—冲砂闸；3—进水闸；
4—引水明渠；5—导流堤；6—护坦

封闭的袋形橡胶坝，在充水或充气时胀高形成坝体，拦堆截河水而使水位升高。当需泄水时，只要排出气体或水即可。橡胶坝土建费用低，建造快。但其材料易磨损、老化，寿命短，使用受到限制。

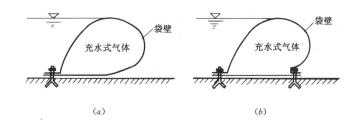

图 5-31 袋形橡胶坝
(a)单锚固；(b)双锚固

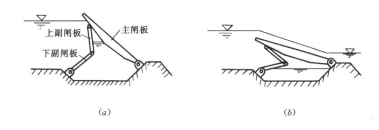

图 5-32 浮体闸升闸和降闸示意
(a)升闸；(b)降闸

浮体闸有一块可以绕底部固定铰旋转的空心主闸板，在水的浮力作用下可以上浮一定高度起到拦水作用。另外，还有两块副闸板相互铰接，可以折叠，并同时与主闸板铰接起来。当闸腔内充水时，主闸板上浮，低坝形成；当闸腔内的水放出时，主闸板回落，以便泄水。

七、湖泊、水库取水构筑物

(一) 湖泊和水库水取水特点

1. 水量与水位

湖泊、水库的水位与其蓄水量有关，而蓄水量一般呈季节性变化。以地表径流为主要补给来源的湖泊与水库，夏秋季节出现最高水位，冬末春初则为最低水位。有些干旱地区的湖泊甚至完全干涸。水位变化除与蓄水量有关外，还会受风向与风速的影响。在风的作用下，向风岸水位上升，而背风岸水位则下降。水位的变幅，在不同的湖泊、水库，又有其不同的特点：一般情况下，湖泊流域面积与自身水体表面积的比值越大，水位变幅越大；蓄水构造越窄、越深，水位变幅越大。人工水库较天然湖泊水位变幅大。

2. 水生生物

由于湖泊、水库中的水流动缓慢，阳光照射使水面表层温度较高，有利于水生生物的增长和泥砂的沉积。水生生物十分丰富：有浮游生物、漂浮生物、水底生物等。水生生物的存在使水产生色、嗅和味。在风的作用下，一些漂浮物聚集在下风向，可造成取水构筑物的阻塞。

3. 沉淀作用

湖泊、水库具有良好的沉淀作用，水中泥砂含量低，浊度变化不大。但在河流入口处，由于水流突然变缓，易形成大量淤积。河流挟砂量越大，淤积现象越严重。一般取水口应考虑设在淤积影响小的位置。

4. 含盐量

湖泊、水库的水质与补给水水源的水质、水量流入和流出的平衡关系、蒸发量的大小、蓄水构造的岩性等有关。一般用于给水水源的多为淡水湖，水质基本上具有内陆淡水的特点。不同的湖泊或水库，水的化学成分不同。对同一湖泊或水库，位置不同，水的化学成分和含盐量也不一样。

5. 风浪

湖泊或水库水面宽广，在风的作用下常会产生较大的浪涌现象。由于水的浸润和浪击作用，可以造成岸基崩塌，在迎风岸这种现象更为明显。设计取水口位置和取水构筑物时，应充分注意风浪可能造成的危害。在构筑物高程设计时，也应考虑浪涌高度的影响。若在水面以下，则无需考虑风浪的波及。

（二）湖泊、水库取水构筑物的类型

1. 隧洞式和引水明渠取水

在水深大于10m以上的湖泊或水库中取水可采用引水隧洞（图5-33）或引水明渠。

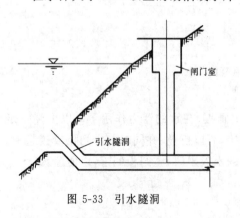

图5-33 引水隧洞

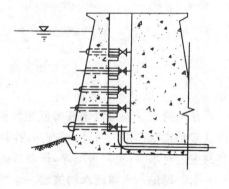

图5-34 分层取水构筑物

2. 取水构筑物分层取水

为避免水生生物及泥砂的影响，应在取水构筑物不同高度设置取水窗（图5-34）。

分层取水构筑物适于在深水湖泊、水库中取水。构筑物的形式有：与坝体合建的塔式和独立建造的塔式。

3. 采用岸边式或湖心式取水

岸边式或湖心式取水（如图 5-35）所示。

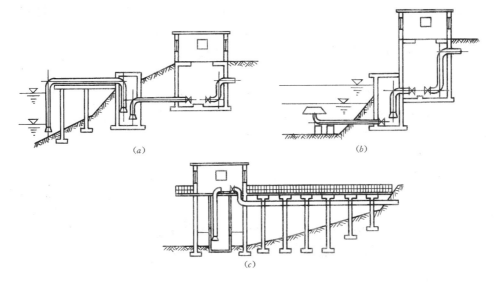

图 5-35 岸边式、湖心式取水泵房
(a) 虹吸管分建式泵房；(b) 自流管合建式泵房；(c) 湖心式泵房

在浅水湖泊或水库中取水，应尽量设法使取水头部或取水窗远离岸边，距离一般应在 30m 以上。这样，可以取得水质较好的水。

上述几种取水构筑物与河道上的取水构筑物并无太大区别。在选用时，应综合考虑湖泊或水库具体的水文特征、地形、地貌、气象、地质等条件，经技术经济比较后确定，力求取水安全可靠，水量充沛，水质良好及施工、运行、管理、维修方便。

八、海水取水构筑物

由于淡水源资源日益匮乏，很多沿海城市已考虑采用海水作为工业冷却用水的水源。

（一）海水取水的特点

1. 海水含盐量高，腐蚀性强

海水中主要含有氯化钠、氯化镁和少量的硫酸钠、硫酸钙，具有较强的腐蚀性和较高的硬度。

防止海水腐蚀的主要措施有：

(1) 采用耐腐蚀的材料及设备：如采用青铜、镍铜、铸铁、钛合金以及非金属材料制作的管道、管件、阀件、泵体、叶轮等；

(2) 表面涂敷防护：如管内壁涂防腐涂料，采用有内衬防腐材料的管件、阀件等；

(3) 采用阴极保护；

(4) 宜采用标号较高的抗硫酸盐水泥及制品，或采用混凝土表面涂敷防腐技术。

2. 海生物的影响与防治

海生物常会造成取水构筑物的堵塞，不易清除，构成对取水安全可靠性的极大危胁。防治和清除的方法有：加氯法、加碱法、加热法、机械刮除、密封窒息、含毒涂料、电极保护等。其中以加氯法采用较多,效果较好。

3. 潮汐和波浪

潮汐平均每隔12h25min出现一次高潮,在高潮之后6h12min出现一次低潮。潮汐可引起的水位变化在2~3m左右。

海浪则是由于风力引起的。风力大、历时长时,往往会产生巨浪,且具有很大的冲击力和破坏力。

海水取水构筑物在设计时,应充分注意到潮汐和海浪的影响。

4. 泥砂淤积

海滨地区,潮汐运动往往使泥砂移动和淤积,在泥质海滩地区,这种现象更为明显。因此,取水口应避开泥砂可能淤积的地方,最好设在岩石海岸、海湾或防波堤内。

(二)海水取水构筑物

1. 引水管渠取水

当海滩比较平缓时,可采用引水管渠取水(图5-36、图5-37)。

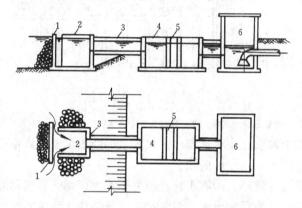

图 5-36 引水渠取海水的构筑物

1—防浪墙;2—进水斗;3—引水渠;4—沉淀池;5—滤网;6—泵房

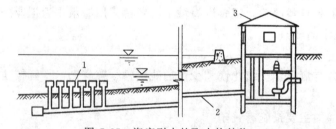

图 5-37 海底引水的取水构筑物

1—立管式进水口;2—自流引水管;3—取水泵房

2. 岸边式取水

在深水海岸,若地质条件及水质良好,可考虑设置岸边式取水构筑物。

3. 斗槽式取水

斗槽式取水构筑物如图5-38所示。斗槽的作用是防止波浪的影响和使泥砂沉淀。

4. 潮汐式取水

潮汐式取水构筑物如图5-39所示。涨潮时,海水自动推开潮门,蓄水池蓄水;退潮时,潮门自动关闭，可使用蓄水池中蓄水。利用潮汐蓄水，可以节省投资和电耗。

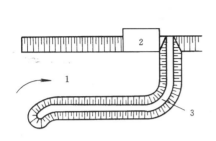

图 5-38 斗槽式海水取水构筑物
1—斗槽；2—取水泵房；3—堤

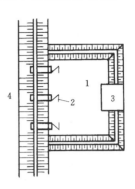

图 5-39 潮汐式取水构筑物
1—蓄水池；2—潮门；3—取水泵房；4—海弯

5. 幕墙式取水构筑物

幕墙式取水构筑物如图 5-40、图 5-41 所示。幕墙式取水构筑物是在海岸线的外侧修建一幕墙，海水可通过幕墙进入取水口。

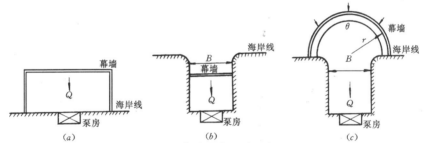

图 5-40 幕墙取水口平面布置
（a）槽形垂直幕墙；（b）垂直平板式幕墙；（c）圆弧形幕墙
r—圆弧幕墙半径；θ—圆弧幕墙中心角；B—幕墙宽度；Q—取水量

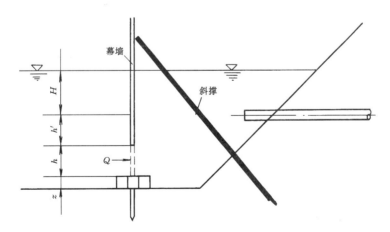

图 5-41 幕墙结构断面示意
H—表层海水厚度；h'—进水口上端到跃层的距离；h—进水口高度；z—进水口下端到海底的距离

思 考 题

1. 地表水取水构筑物按其构造形式不同可分为那几种类型？各自的适用条件如何？
2. 选择江河取水构筑物位置时应考虑哪些因素？下图中各取水口位置是否合适？

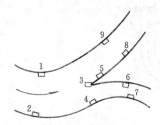

3. 岸边式取水构筑物的基本形式有哪些？各有何特点？适用条件如何？
4. 河床式取水构筑物的构造组成是怎样的？常见的取水头部形式有哪些？分别适用于什么场合？
5. 什么是浮船式取水构筑物？有哪些特点？
6. 缆车式取水构筑物由哪几部分组成？泵车设计有哪些要求？
7. 斗槽式取水构筑物按槽中水流方向与河流水流方向的关系可分为哪几种形式？如何选择？
8. 试从湖泊、水库的水文、水质特征分析它们采用的取水构筑物形式与江河水的不同之处。
9. 海水取水有何特点？其常用的构筑物形式有哪几种？

附　　录

附录一

中华人民共和国水法

(1988年1月21日第六届全国人民代表大会常务委员会第二十四次会议通过)

第一章　总　　则

第一条　为合理开发利用和保护水资源，防治水害，充分发挥水资源的综合效益，适应国民经济发展和人民生活的需要，制定本法。

第二条　本法所称水资源，是指地表水和地下水。在中华人民共和国领域内开发、利用、保护、管理水资源，防治水害，必须遵守本法。

第三条　水资源属于国家所有，即全民所有。

农业集体经济组织所有的水塘、水库中的水属于集体所有。

国家保护依法开发利用水资源的单位和个人的合法权益。

第四条　国家鼓励和支持开发利用水资源和防治水害的各项事业。

开发利用水资源和防治水害，应当全面规划、统筹兼顾、综合利用、讲求效益，发挥水资源的多种功能。

第五条　国家保护水资源，采取有效措施，保护自然植被，种树种草，涵养水源，防治水土流失，改善生态环境。

第六条　各单位应当加强水污染防治工作，保护和改善水质，各级人民政府应当依照水污染防治法的规定，加强对水污染防治的监督管理。

第七条　国家实行计划用水，厉行节约用水。

各级人民政府应当加强对节约用水的管理。各单位应当采用节约用水的先进技术，降低水的消耗量，提高水的重复利用率。

第八条　在开发、利用、保护、管理水资源，防治水害，节约用水和进行有关的科学技术研究等方面成绩显著的单位和个人、由各级人民政府给予奖励。

第九条　国家对水资源实行统一管理与分级、分部门管理相结合的制度。

国务院水行政主管部门负责全国水资源的统一管理工作。

国务院其他有关部门按照国务院规定的职责分工，协同国务院水行政主管部门，负责有关的水资源管理工作。

县级以上地方人民政府水行政主管部门和其他有关部门，按照同级人民政府规定的职责分工，负责有关的水资源管理工作。

第二章 开 发 利 用

第十条 开发利用水资源必须进行综合科学考察和调查评价。全国水资源的综合科学考察和调查评价，由国务院水行政主管部门会同有关部门统一进行。

第十一条 开发利用水资源和防治水害，应当按流域或者区域进行统一规划。规划分为综合规划和专业规划。

国家确定的重要江河的流域综合规划，由国务院水行政主管部门会同有关部门和有关省、自治区、直辖市人民政府编制，报国务院批准。其他江河的流域或者区域的综合规划，由县级以上地方人民政府水行政主管部门会同有关部门和有关地区编制，报同级人民政府批准，并报上一级水行政主管部门备案。综合规划应当与国土规划相协调，兼顾各地区、各行业的需要。

防洪、治涝、灌溉、航运、城市和工业供水、水力发电、竹木流放、渔业、水质保护、水文测验、地下水普查勘探和动态监测等专业规划，由县级以上人民政府有关主管部门编制，报同级人民政府批准。

经批准的规划是开发利用水资源和防治水害活动的基本依据。规划的修改，必须经原批准机关核准。

第十二条 任何单位和个人引水、蓄水、排水，不得损害公共利益和他人的合法权益。

第十三条 开发利用水资源，应当服从防洪的总体安排，实行兴利与除害相结合的原则，兼顾上下游、左右岸和地区之间的利益，充分发挥水资源的综合效益。

第十四条 开发利用水资源，应当首先满足城乡居民生活用水，统筹兼顾农业、工业用水和航运需要。在水源不足地区，应当限制城市规模和耗水量大的工业、农业的发展。

第十五条 各地区应当根据水土资源条件，发展灌溉、排水和水土保持事业，促进农业稳产、高产。

在水源不足地区，应当采取节约用水的灌溉方式。

在容易发生盐碱化和渍害的地区，应当采取措施，控制和降低地下水的水位。

第十六条 国家鼓励开发利用水能资源久在水能丰富的河流，应当有计划地进行多目标梯级开发。

建设水力发电站，应当保护生态环境，兼顾防洪、供水、灌溉、航运、竹木流放和渔业等方面的需要。

第十七条 国家保护和鼓励开发水运资源，在通航或者竹木流放的河流上修建永久性拦河闸坝，建设单位必须同时修建过船、过木设施，或者经国务院授权的部门批准采取其他补救措施，并妥善安排施工和蓄水期间的航运和竹木流放，所需费用由建设单位负担。

在不通航的河流或者人工水道上修建闸坝后可以通航的，闸坝建设单位应当同时修建过船设施或者预留过船设施位置，所需费用除国家另有规定外，由交通部门负担。

现有的碍航闸坝，由县级以上人民政府责成原建设单位在规定的期限内采取补救措施。

第十八条 在鱼、虾、蟹洄游通道修建拦河闸坝，对渔业资源有严重影响的，建设单位应当修建过鱼设施或者采取其他补救措施。

第十九条 修建闸坝、桥梁、码头和其他拦河、跨河、临河建筑物，铺设跨河管道、电缆必须符合国家规定的防洪标准、通航标准和其他有关的技术要求。

因修建前款所列工程设施而扩建、改建、拆除或者损坏原有工程设施的，由后建工程的建设单位负担扩建、改建的费用和补偿损失的费用，但原有工程设施是违章的除外。

第二十条 兴建水工程或者其他建设项目，对原有灌溉用水、供水水源或者航道水量有不利影响的，建设单位应当采取补救措施或者予以补偿。

第二十一条 兴建跨流域引水工程，必须进行全面规划和科学论证，统筹兼顾引出和引入流域的用水需求，防止对生态环境的不利影响。

第二十二条 兴建水工程，必须遵守国家规定的基本建设程序和其他有关规定。凡涉及其他地区和行业利益的，建设单位必须事先向有关地区和部门征求意见，并按照规定报上级人民政府或者有关主管部门审批。

第二十三条 国家兴建水工程需要移民的，由地方人民政府负责妥善安排移民的生活和生产，安置移民所需的经费列入工程建设投资计划，并应当在建设阶段按计划完成移民安置工作。

第三章　水、水域和水工程的保护

第二十四条 在江河、湖泊、水库、渠道内，不得弃置、堆放阻碍行洪、航运的物体，不得种植阻碍行洪的林木和高杆作物。

在航道内不得弃置沉船，不得设置碍航渔具，不得种植水生植物。

未经有关主管部门批准，不得在河床、河滩内修建建筑物。

在行洪、排涝河道和航道范围内开采砂石、砂金、必须报经河道主管部门批准，按照批准的范围和作业方式开采；涉及航道的，由河道主管部门会同航道主管部门批准。

第二十五条 开采地下水必须在水资源调查评价的基础上，实行统一规划、加强监督管理。在地下水已经超采的地区，应当严格控制开采，并采取措施，保护地下水资源，防止地面沉降。

第二十六条 开采矿藏或者兴建地下工程，因疏于排水导致地下水水位下降、枯竭或者地面塌陷，对其他单位或者个人的生活和生产造成损失的，采矿单位或者建设单位应当采取补救措施，赔偿损失。

第二十七条 禁止围湖造田。禁止围垦河流，确需围垦的，必须经过科学论证，并经省级以上人民政府批准。

第二十八条 国家保护水工程及堤防、护岸等有关设施，保护防汛设施、水文监测设施、水文地质监测设施和导航、助航设施，任何单位和个人不得侵占、毁坏。

第二十九条 国家所有的工程，应当按照经批准的设计，由县级以上人民政府依照国家规定，划定管理和保护范围。

集体所有的水工程应当依照省、自治区、直辖市人民政府的规定，划定保护范围。

在水工程保护范围内，禁止进行爆破、打井、采石、取土等危害水工程安全的活动。

第四章　用　水　管　理

第三十条 全国和跨省，自治区、直辖市的区域的水长期供求计划，由国务院水行政主管部门会同有关部门制定，报国务院计划主管部门审批。地方的水长期供求计划，由县级以上地方人民政府水行政主管部门会同有关部门。依据上一级人民政府主管部门制定的水长期供求计划和本地区的实际情况制定，报同级人民政府计划主管部门审批。

第三十一条 调蓄径流和分配水量，应当兼顾上下游和左右岸用水、航运、竹林流放、渔业和保护生态环境的需要。

跨行政区域的水量分配方案，由上一级人民政府水行政主管部门征求有关地方人民政府的意见后制定，报同级人民政府批准后执行。

第三十二条 国家对直接从地下或者江河、湖泊取水的，实行取水许可制度。为家庭生活、畜禽饮用取水和其他少量取水的，不需要申请取水许可。

实行取水许可制度的步骤、范围和办法，由国务院规定。

第三十三条 新建、扩建、改建的建设项目，需要申请取水许可的，建设单位在报送设计任务书时，应当附有审批取水申请的机关的书面意见。

第三十四条 使用供水工程供应的水，应当按照规定向供水单位缴纳水费。

对城市中直接从地下取水的单位，征收水资源费；其他直接从地下或者江河、湖泊取水的，可以由省、自治区、直辖市人民政府决定征收水资源费。

水费和水资源费的征收办法，由国务院规定。

第三十五条 地区之间发生的水事纠纷，应当本着互谅互让、团结协作的精神协商处理；协商不成的，由上一级人民政府处理。在水事纠纷解决之前，未经各方达成协议或者上一级政府批准，在国家规定的交界线两侧一定范围内，任何一方不得修建排水、阻水、引水和蓄水工程，不得单方面改变水的现状。

第三十六条 单位之间、个人之间、单位与个人之间发生的水事纠纷，应当通过协商或者调解解决。当事人不愿通过协商、调解解决或者协商、调解不成的，可以请求县级以上地方人民政府或者其授权的主管部门处理，也可以直接向人民法院起诉；当事人对有关人民政府或者其授权的主管部门的处理决定不服的，可以在接到通知之日起十五日内，向人民法院起诉。

在水事纠纷解决之前，当事人不得单方面改变水的现状。

第三十七条 县级以上人民政府或者其授权的主管部门在处理水事纠纷时，有权采取临时处置措施，当事人必须服从。

第五章 防汛与抗洪

第三十八条 各级人民政府应当加强领导，采取措施，做好防汛抗洪工作。任何单位和个人，都有参加防汛抗洪的义务。

第三十九条 县级以上人民政府防汛指挥机构统一指挥防汛抗洪工作。

在汛情紧急的情况下，防汛指挥机构有权在其管辖范围内调用所需的物资、设备和人员，事后应当及时归还或者给予适当补偿。

第四十条 县级以上人民政府应当根据流域规划和确保重点兼顾一般的原则，制定防御洪水方案，确定防洪标准和措施。全国主要江河的防御洪水方案，由中央防汛指挥机构制定，报国务院批准。

防御洪水方案经批准或者制定后，有关地方人民政府必须执行。

第四十一条 在防洪河道和滞洪区、蓄洪区内，土地利用和各项建设必须符合防洪的要求。

第四十二条 按照天然流势或者防洪、排涝。工程的设计标准或者经批准的运行方案下泄的洪水、涝水，下游地区不得设障阻水或者缩小河道的过水能力；上游地区不得擅自增大下泄流量。

第四十三条 在汛情紧急的情况下，各级防汛指挥机构可以在其管辖范围内，根据经批准的分洪、滞洪方案，采取分洪、滞洪措施。采取分洪、滞洪措施对毗邻地区有危害的，必须报经上一级防汛指挥机构批准，并事先通知有关地区。

国务院和省、自治区、直辖市人民政府应当分别对所管辖的滞洪区、蓄洪区内有关居民的安全、转移、生活、生产、善后恢复、损失补偿等事项，制定专门的管理办法。

第六章 法 律 责 任

第四十四条 违反本法规定取水、截水、阻水、排水，给他人造成妨碍或者损失的，应当停止侵害，排除妨碍，赔偿损失。

第四十五条 违反本法规定，有下列行为之一的，由县级以上地方人民政府水行政主管部门或者有关主管部门责令其停止违法行为，限期清除障碍或者采取其他补救措施，可以并处罚款；对有关责任人员可以由其所在单位或者上级主管机关给予行政处分：

（一）在江河、湖泊、水库、渠道内弃置、堆放阻碍行洪、航运的物体的，种植阻碍行洪的林木和高杆作物的，在航道内弃置沉船、设置碍航渔具、种植水生植物的；

（二）未经批准在河床、河滩内修建建筑物的；

（三）未经批准或者不按照批准的范围和作业方式，在河道、航道内开采砂石、砂金的；

（四）违反本法第二十六条的规定，围垦湖泊、河流的。

第四十六条 违反本法规定，有下列行为之一的，由县级以上地方人民政府水行政主管部门或者有关主管部责令其停止违法行为，采取补救措施，可以并处罚款；对有关责任人员可以由其所在单位或者上级主管机关给予行政处分；构成犯罪的，依照刑法规定追究刑事责任：

（一）擅自修建水工程或者整治河道、航道的；

（二）违反本法第四十二条的规定，擅自向下游增大排泄洪涝流量或者阻碍上游洪涝下泄的。

第四十七条 违反本法规定，有下列行为之一的，由县级以上地方人民政府水行政主管部门或者有关主管部门责令其停止违法行为，赔偿损失，采取补救措施，可以并处罚款；应当给予治安管理处罚的，依照治安管理处罚条例的规定处罚；构成犯罪的，依照刑法规定追究刑事责任：

（一）毁坏水工程及堤防、护岸等有关措施，毁坏防汛设施、水文监测设施、水文地质监测设施和导航、助航设施的；

（二）在水工程保护范围内进行爆破、打井、采石、取土等危害水工程安全的活动的。

第四十八条 当事人对行政处罚决定不服的，可以在接到处罚通知之日起十五日内，向作出处罚决定的机关的上一级机关申请复议；对复议决定不服的，可以在接到复议决定之日起十五日内，向人民法院起诉。当事人也可以在接到处罚通知之日起十五日内，直接向人民法院起诉。当事人逾期不申请复议或者不向人民法院起诉又不履行处罚决定的，由作出处罚决定的机关申请人民法院强制执行。

对治安管理处罚不服的,依照治安管理处罚条例的规定办理。

第四十九条 盗窃或者抢夺防汛物资、水工程器材的,贪污或者挪用国家救灾、抢险、防汛、移民安置款物的,依照刑法规定追究刑事责任。

第五十条 水行政主管部门或者其他主管部门以及水工程管理单位的工作人员玩忽职守、滥用职权、徇私舞弊的,由其所在单位或者上级主管机关给予行政处分;对公共财产、国家和人民利益造成重大损失的,依照刑法规定追究刑事责任。

第七章 附 则

第五十一条 中华人民共和国缔结或者参加的,与国际或者国境边界河流、湖泊有关的国际条约、协定,同中华人民共和国法律有不同规定的,适用国际条约、协定的规定。但是,中华人民共和国声明保留的条款除外。

第五十二条 国务院可以依据本法制定实施条例。

省、自治区、直辖市人民代表大会常务委员会可以依据本法,制定实施办法。

第五十三条 本法自1988年7月1日起施行。

附录二

中华人民共和国水污染防治法

(1984年5月11日第六届全国人民代表大会常务委员会第五次会议通过)

第一章 总 则

第一条 为防治水污染，保护和改善环境，以保障人民健康，保证水资源的有效利用，促进社会主义现代化建设的发展，特制定本法。

第二条 本法适用于中华人民共和国流域内的江河、湖泊、运河、渠道、水库等地表水体以及地下水水体的污染防治。

海洋污染防治另有法律规定，不适用本法。

第三条 国务院有关部门和地方各级人民政府，必须将水环境保护工作纳入计划，采取防治的对策和措施。

第四条 各级人民政府的环境保护部门是对水污染防治实施统一监督管理的机关。

各级交通部门的航政机关是对船舶污染实施监督管理的机关。

各级人民政府的水力管理部门、卫生行政部门、地质矿产部门、市政管理部门、重要江河的水源保护机构，结合各自的职责，协同环境保护部门对水污染防治实施监督管理。

第五条 一切单位和个人都有责任保护水环境，并有权对污染损害水环境的行为进行监督和检举。

因水污染直接受到损失的单位和个人，有权要求致害者排除危害和赔偿损失。

第二章 水环境质量标准和污染物排放标准的制定

第六条 国务院环境保护部门制定国家水环境质量标准。

省、自治区、直辖市人民政府可以对国家水环境质量标准中未规定的项目，制定地方补充标准，并报国务院环境保护部门备案。

第七条 国务院环境保护部门根据国家水环境质量标准和国家经济、技术条件，制定国家污染物排放标准。

省、自治区、直辖市人民政府对执行国家污染物排放标准不能保证达到水环境质量标准的水体，可以制定严于国家污染物排放标准的地方污染物排放标准，并报国务院环境保护部门备案。

凡是向已有地方污染物排放标准的水体排放污染物的，应当执行地方污染物排放标准。

第八条 国务院环境保护部门和省、自治区、直辖市人民政府，应当根据水污染防治的要求和国家经济、技术条件，适时修订水环境质量标准和污染物排放标准。

第三章 水污染防治的监督管理

第九条 国务院有关部门和地方各级人民政府在开发、利用和调节、调度水资源的时候，应当统筹兼顾，维护江河的合理流量和湖泊、水库以及地下水体的合理水位，维护水体的自然净化能力。

第十条 国务院有关部门和地方各级人民政府必须把保护城市水源和防治城市水污染纳入城市建设规划，建设和完善城市排水管网和污水处理设施。

第十一条 国务院有关部门和地方各级人民政府应当合理规划工业布局，对造成水污染的企业进行整顿和技术改造，采取综合防治措施，提高水的重复利用率，合理利用资源，减少废水和污染物排放量。

第十二条 县级以上人民政府可以对生活饮用水源地、风景名胜区水体，重要渔业水体和其他具有特殊经济文化价值的水体，划定保护区，并采取措施，保证保护区的水质符合规定用途的水质标准。

第十三条 新建、扩建、改建直接或者间接向水体排放污染物的建设项目和其他水上设施，必须遵守国家有关建设项目环境保护管理的规定。

建设项目的环境影响报告书，必须对建设项目可能产生的水污染和对生态环境的影响做出评价，规定防治的措施，按照规定和程序报经有关环境保护部门审查批准。在运河、渠道、水库等水利工程内设置排污口，应当经过有关水利工程管理部门同意。

建设项目投入生产或者使用的时候，其水污染防治设施必须经过环境保护部门检验，达不到规定要求的，该建设项目不准投入生产或使用。

第十四条 直接或者间接向水体排放污染物的企业事业单位，应当按照国务院环境保护部门的规定，向所在地的环境保护部门申报登记拥有的污染物排放设施、处理设施和正常作业条件下排放污染物的种类、数量和浓度，并提供防治水污染方面的有关技术资料。

排放污染物的种类、数量、浓度有重大改变的，应当及时申报。拆除或者闲置污染物处理设施的，应当提前申报，并征得所在地的环境保护部门的同意。

第十五条 企事业单位向水体排放污染物的，按照国家规定缴纳排污费；超过国家或地方规定的污染物排放标准的，按照国家规定缴纳超标准排污费，并负责治理。

第十六条 对造成水体严重污染的排污单位，限期治理。

中央或者省、自治区、直辖市人民政府直接管辖的企业事业单位的限期治理，由省、自治区、直辖市人民政府的环境保护部门提出意见，报同级人民政府决定。市、县或者市、县以下人民政府管辖的企业事业单位的限期治理，由市、县人民政府的环境保护部门提出意见，报同级人民政府决定。排污单位应当如期完成治理任务。

第十七条 在生活饮用水源受到严重污染，威胁供水安全等紧急情况下，环境保护部门应当报请同级人民政府批准，采取强制性的应急措施，包括责令有关企业事业单位减少或者停止排放污染物。

第十八条 各级人民政府的环境保护部门和有关的监督管理部门，有权对管辖范围内的排污单位进行现场检查，被检查的单位必须如实反映情况，提供必要的资料。检察机关有责任为被检查的单位保守技术秘密和业务秘密。

第四章 防止地表水污染

第十九条 在生活饮用水源地、风景名胜区水体、重要渔业水体和其他有特殊经济文化价值的水体的保护区内，不得新建排污口。在保护区附近新建排污口，必须保证保护区水体不受污染。

本法公布前已有的排污口,排放污染物超过国家或地方标准的,应当治理;危害饮用水源的排污口,应当搬迁。

第二十条 排污单位发生事故或者其他突然性事件,排放污染物超过正常排放量,造成或可能造成水污染事故的,必须立即采取应急措施,通报可能受到污染危害的单位,并向当地环境保护部门报告。船舶造成污染事故的,应当向就近的航政机关报告,接受调查处理。

第二十一条 禁止向水体排放油类、酸类、碱类或者剧毒废液。

第二十二条 禁止在水体清洗装贮过油类或者有毒污染物的车辆和容器。

第二十三条 禁止将含有汞、镉、砷、铬、铅、氰化物、黄磷等的可溶性剧毒废渣向水体排放、倾倒或者直接埋入地下。

存放可溶性剧毒废渣的场所,必须采取防水、防渗漏、防流失的措施。

第二十四条 禁止向水体排放、倾倒工业废渣、城市垃圾和其他废弃物。

第二十五条 禁止在江河、湖泊、运河、渠道、水库最高水位线以下的滩地和岸坡堆放、存贮固体废弃物和其他污染物。

第二十六条 禁止向水体排放或者倾倒放射性固体废弃物或者含有高放射性和中放射性物质的废水。

向水体排放含低放射性物质的废水,必须符合国家有关放射防护的规定和标准。

第二十七条 向水体排放含热废水,应当采取措施,保证水体的水温符合水环境质量标准,防止热污染危害。

第二十八条 排放含病原体的污水,必须经过消毒处理;符合国家有关标准后,方准排放。

第二十九条 向农田灌溉渠道排放工业废水和城市污水,应当保护其下游最近的灌溉取水点的水质符合农田灌溉水质标准。

利用工业废水和城市污水进行灌溉,应当防止污染土壤、地下水和农产品。

第三十条 使用农药,应当符合国家有关农药安全使用的规定和标准。

运输、存贮农药和处置过期失效农药,必须加强管理,防止造成水污染。

第三十一条 船舶排放含油污水、生活污水,必须符合船舶污染物排放标准。从事海洋航运的船舶,进入内河和港口的,应当遵守内河的船舶污染物排放标准。

船舶的残油、废油必须回收,禁止排入水体。

禁止向水体倾倒船舶垃圾。

船舶装载运输油类或者有毒货物,必须采取防止溢流和渗漏的措施,防止货物落水造成水污染。

第五章 防止地下水污染

第三十二条 禁止企业事业单位利用渗井、渗坑、裂隙和溶洞排放、倾倒含有毒污染物的废水、含病原体的污水和其他废弃物。

第三十三条 在无良好隔渗地层,禁止企业事业单位使用无防止渗漏措施的沟渠、坑塘等输送或者存贮含有毒污染物的废水、含病原体的污水和其他废弃物。

第三十四条 在开采多层地下水的时候,如果各含水层的水质差异大,应当分层开采;对已受污染的潜水和承压水,不得混合开采。

第三十五条 兴建地下工程设施或者进行地下勘探、采矿等活动,应当采取防护性措施,防止地下水污染。

第三十六条 人工回灌补给地下水,不得恶化地下水质。

第六章 法 律 责 任

第三十七条 违反本法规定,有下列行为之一的,环境保护部门或者交通部门的航政机关可以根据不同情节,给予警告或者处以罚款:

(一)拒报或者谎报国务院环境保护部门规定的有关污染物排放申报登记事项的;

(二)建设项目的水污染防治设施没有建成或者没有达到国家有关建设项目环境保护管理的规定的要求,投入生产或者使用的;

(三)拒绝环境保护部门或者有关的监督管理部门现场检查,或者弄虚作假的;

(四)违反本法第四章、第五章有关规定,贮存、堆放、弃置、倾倒、排放污染物、废弃物的;

(五)不按国家规定缴纳排污费或者超标准排污费的。

罚款的办法和数额由本法实施细则规定。

第三十八条 造成水体严重污染的企业事业单位,经限期治理,逾期未完成治理任务的,除按照国家规定征收两倍以上的超标准排污费外,可以根据所造成的危害和损失处以罚款,或者责令其停业或者关闭。

罚款由环境保护部门决定。责令企业事业单位停业或者关闭,由作出限期治理决定的地方人民政府决定;责令中央直接管辖的企业事业单位停业或者关闭的,须批经国务院批准。

第三十九条 违反本法规定,造成水污染事故的企业事业单位,由环境保护部门或者交通部门的航政机关根据所造成的危害和损失处以罚款;情节较重的,对有关责任人员,由所在单位或者上级主管机关给予行政处分。

第四十条 当事人对行政处罚决定不服的,可以在收到通知之日起十五天内,向人民法院起诉;期满不起诉又不履行的,由作出处罚决定的机关申请人民法院强制执行。

第四十一条 造成水污染危害的单位,有责任排除危害,并对直接受到损失的单位或者个人赔偿损失。

赔偿责任和赔偿金额的纠纷,可以根据当事人的请求,由环境保护部门或者交通部门的航政机关处理;当事人对处理决定不服的,可以向人民法院起诉。当事人也可以直接向人民法院起诉。

水污染损失由第三者故意或者过失所引起的,第三者应当承担责任。

水污染损失由受害者自身的责任所引起的,排污单位不承担责任。

第四十二条 完全由于不可抗拒的自然灾害,并经及时采取合理措施,仍然不能避免造成水污染损失的,免予承担责任。

第四十三条 违反本法规定,造成重大水污染事故,导致公私财产重大损失或者人身伤亡的严重后果的,对有关责任人员可以比照刑法第一百一十五条或者第一百八十七条的规定，追究刑事责任。

第七章 附 则

第四十四条 本法中下列用语的含义是：

（一）"水污染"是指水体因某种物质的介入，而导致其化学、物理、生物或者放射性等方面特性的改变，从而影响水的有效利用，危害人体健康或者破坏生态环境，造成水质恶化的现象。

（二）"污染物"是指能导致水污染的物质。

（三）"有毒污染物"是指那些直接或者间接为生物摄入体内后，导致该生物或者其后代发病、行为反常、遗传异变、生理机能失常、机体变形或者死亡的污染物。

（四）"油类"是指任何类型的油及其炼制品。

（五）"渔业水体"是指划定的鱼虾类的产卵场、索饵场、越冬场、回游通道和鱼虾贝藻类的养殖场。

第四十五条 国务院环境保护部门根据本法制定实施细则，报国务院批准后施行。

第四十六条 本法自1984年11月1日起施行。

附录三

中华人民共和国水污染防治法实施细则

(1989 年 7 月 12 日国务院批准国家环境保护局发布)

第一章 总 则

第一条 根据《中华人民共和国水污染防治法》第四十五条的规定,制定本实施细则。

第二条 国务院有关部门和地方各级人民政府,应当将水环境保护工作纳入国民经济和社会发展计划。

各级人民政府的经济建设部门,应当根据同级人民政府提出的水环境保护的要求,把水污染防治工作纳入本部门生产建设计划。

第三条 建设项目中水污染防治所需资金、材料和设备,应当与主体工程统筹安排。

第四条 跨省、自治区、直辖市的地方水环境质量补充标准和地方污染物排放标准,由有关省、自治区、直辖市人民政府协商制定,并报国务院环境保护部门备案。

第五条 对水污染防治有显著贡献的单位或者个人,由人民政府给予奖励。

第二章 水污染防治的监督管理

第六条 国务院有关部门和地方各级人民政府有关部门,在确定大、中型水库坝下最小泄流量时,应当维护下游水体的自然净化能力,并征求有关区域县级以上人民政府环境保护部门的意见。

第七条 各类水体保护区的划定和调整,由县级以上环境保护部门会同有关部门提出方案,报同级人民政府批准;跨省、县级行政区的,由其共同的上级人民政府批准。

第八条 引进国外技术和设备的建设项目,凡向水体排放污染物的,应当配备水污染防治设施,使该建设项目排放的污染物不超过国家和地方规定的污染物排放标准。

第九条 企业事业单位向水体排放污染物的,必须向所在地环境保护部门提交《排污申报登记表》。环境保护部门收到《排污申报登记表》后,经调查核实,对不超过国家和地方规定的污染物排放标准及国家规定的企业事业单位污染物排放总量指标的,发给排污许可证。

对超过国家或者地方规定的污染物排放标准,或者超过国家规定的企业事业单位污染物排放总量指标的,应当限期治理,限期治理期间发给临时排污许可证。

新建、改建、扩建的企业事业单位污染物排放总量指标,应当根据环境影响报告书确定。

已建企业事业单位污染物排放总量指标,应当根据环境质量标准、当地污染物排放现状和经济、技术条件确定。

排污许可证的管理办法由国务院环境保护部门另行制定。

第十条 超过国家或者地方规定的污染物排放标准的企业事业单位,在向所在地环境保护部门申报登记时,应当写明超过污染物排放标准的原因及限期治理措施。

第十一条 需要拆除或者闲置污染物处理设施的,应当提前向所在地环境保护部门申报,并写明理由。环境保护部门接到申报后,应当在一个月内予以批复;逾期不批复的,视为同意。

第十二条 被责令限期治理的排污单位,应当定期向环境保护部门报告治理进度。

环境保护部门应当检查排污单位治理的情况,对完成限期治理的项目进行验收,并向同级人民政府报告验收结果。

第十三条 各级人民政府的环境保护部门或者有关的监督管理部门对管辖范围内的排污单位进行现场检查时,应当持有省辖市级以上人民政府环境保护部门签发的检查证件。

第十四条 各级人民政府的环境保护部门或者有关的监督管理部门进行现场检查时,根据需要,可以要求被检查单位提出下列情况和资料:

(一)污染物排放情况;
(二)污染物治理设施的运行、操作和管理情况;
(三)监测仪器、设备的型号和规格以及校验情况;
(四)采用的监测分析方法和监测记录;
(五)限期治理执行情况;
(六)事故情况及有关记录;
(七)与污染有关的生产工艺、原材料使用方面的资料;
(八)其他与水污染防治有关的情况和资料。

第十五条 企业事业单位造成水污染事故时,必须在事故发生后四十八小时内,向当地环境保护部门作出事故发生的时间、地点、类型和排放污染物的数量、经济损失、人员受害等情况的初步报告。事故查清后,应当向当地环境保护部门作出事故发生的原因、过程、危害、采购的措施、处理结果以及事故潜在危害或者间接危害、社会影响、遗留问题和防范措施等书面报告,并附有关证明文件。

环境保护部门接到水污染事故的初步报告后,应当立即会同有关部门采取措施,减轻或者消除污染,对事故可能影响的水域进行监测,并由环境保护部门或者其授权的有关部门对事故进行调查处理。

第三章 防止地表水污染

第十六条 排污口需要搬迁的,由排污单位经过技术论证后提出,报经县级以上人民政府环境保护部门批准。

第十七条 在水体保护区附近新建排污口,必须经县级以上人民政府环境保护部门和有关水体保护区的主管部门批准。

第十八条 县级以上人民政府农业部门对利用工业废水和城市污水进行灌溉的,应当定期监测用于灌溉的污水水质、土壤和农产品,并采取相应措施,防止土壤、地下水和农产品被污染。

第十九条 在内河航行的船舶,其防污设备应当符合国家船舶防污结构与设备规范的规定,持有船舶检验部门签发的合格证书。

船舶无防污设备或者防污设备不符合国家船舶防污结构与设备规范规定的,应当限期达到规定的标准。

第二十条 在内河航行的船舶必须持有航政机关规定的防污文书或者记录文书。一百五十总吨以上的油轮和四百总吨以上的非泊轮，必须持有油类记录本。

第二十一条 港口或者码头应当配备含油污水、粪便和垃圾的接收与处理设施。

船舶的废油、残油和垃圾不得排入水体，应当排入接收设施。

第二十二条 在港口的船舶进行下列作业，必须事先向航政机关提出申请，经批准后，按照规定在指定的区域内进行：

（一）冲洗载运有毒货物、有粉尘的散装货物的船舶甲板和舱室；

（二）排放压舱、洗舱和机舱污水以及其他残余物质；

（三）使用化学消油剂。

第二十三条 船舶在港口或者码头装卸油类及其他有毒害、腐蚀性、放射性货物时，船方和作业单位必须采取预防措施，防止污染水体。

第二十四条 船舶发生事故，造成或者可能造成水体污染的，航政机关应当强制打捞清除或者强制拖航，由此支付的费用，由肇事船方承担。

第二十五条 造船、修船、拆船、打捞船只的单位，必须备有防污设备和器材。进行作业时，应当采取预防措施，防止油类、油性混合物和其他废弃物污染水体。

第四章 防止地下水污染

第二十六条 开采多层地下水时，对下列含水层应当分层开采，不得混合开采：

（一）半咸水、咸水、卤水层；

（二）已受到污染的含水层；

（三）含有毒害元素，超过生活饮用水卫生标准的水层；

（四）有医疗价值和特殊经济价值的地下热水、温泉水和矿泉水。

第二十七条 揭露和穿透含水层的勘探工程，必须按照有关规范要求，严格做好分层止水和封孔工作。

第二十八条 利用岩洞和地下人防工程设施作其他用途的，必须有防渗漏和防流失措施。

第二十九条 矿井、矿坑排放有毒害废水，应当在矿床外围设置集水工程，并采取措施防止污染地下水。

第三十条 人工回灌补给地下饮用水的水质，应当基本符合生活饮用水水源的水质标准，并经县级以上人民政府卫生部门批准。

第五章 法律责任

第三十一条 依照《中华人民共和国水污染防治法》第三十七条规定处以罚款的，按下列规定执行：

（一）有《中华人民共和国水污染防治法》第三十七条第一款第一项所列行为，对拒报或者谎报有关污染物排放申报登记事项的，可以处以三百元以上三千元以下罚款；

（二）有《中华人民共和国水污染防治法》第三十七条第一款第二项所列行为，水污染防治设施没有建成而投入生产的，可以处以一万元以上五万元以下罚款；水污染防治设施

没有达到国家有关建设项目环境保护管理规定而投入生产的,处以五千元以上二万元以下罚款;

（三）有《中华人民共和国水污染防治法》第三十七条第一款第三项所列行为,处以三百元以上三千元以下罚款;

（四）有《中华人民共和国水污染防治法》第三十七条第一款第四项所列行为,贮存、堆放污染物或者废弃物的,处以二千元以上五万元以下罚款;弃置、倾倒、排放污染物的,处以五千元以上十万元以下罚款;

（五）有《中华人民共和国水污染防治法》第三十七条第一款第五项所列行为,不按规定缴纳排污费的,除追缴排污费或者超标排污费及滞纳金外,可以并处一千元以上一万元以下罚款。

第三十二条 依据《中华人民共和国水污染防治法》第三十八条第一款处以罚款的,可处以一万元以上十万元以下罚款。

第三十三条 依据《中华人民共和国水污染防治法》第三十九条规定处以罚款的,按下列规定执行:

（一）对造成水污染事故的企业事业单位处以一万元以上五万元以下罚款;

（二）对造成重大经济损失的,按照直接损失的百分之三十计算罚款,但最高不得超过二十万元。

第三十四条 未取得排污许可证或者临时排污许可证,但排放污染物未超过国家规定的排放标准的,应当给予警告,责令限期办理排污许可证,可以并处三百元以上五千元以下罚款。

不按照排污许可证或者临时排污许可证的规定排放污染物的,应当限期改正,并处以五千元以上十万元以下罚款。情节严重的可以吊销排污许可证或者临时排污许可证。

第三十五条 县级人民政府环境保护部门可处以一万元以下的罚款,超过一万元的罚款,报上级环境保护部门批准。

省辖市级人民政府环境保护部门可处以五万元以下罚款,超过五万元的罚款,报上一级环境保护部门批准。

省、自治区、直辖市级人民政府环境保护部门可处以二十万元以下罚款。

第三十六条 缴纳排污费、超标排污费或者被处以警告、罚款的单位、个人,并不免除消除污染、排除危害和赔偿损失的责任。

第六章 附 则

第三十七条 中华人民共和国缔结或者参加的,与国际或者国际边界河流、湖泊水污染防治有关的国际条约、协定,同中华人民共和国法律有不同规定的,适用该国际条约、协定的规定。但是,中华人民共和国声明保留的条款除外。

第三十八条 国务院有关部门和各省、自治区、直辖市人民政府可以根据《中华人民共和国水污染防治法》和本细则,结合本部门、本地区的实际情况,制定实施办法。

第三十九条 本实施细则自1989年9月1日起施行。